JOHN C. ECCLES und HANS ZEIER

Gehirn und Geist

John C. Eccles und Hans Zeier

GEHIRN UND GEIST

Biologische Erkenntnisse
über Vorgeschichte, Wesen und Zukunft
des Menschen

verlegt bei Kindler

Der von J. C. Eccles verfaßte Text
wurde von Alfred Heil und Hans Zeier
aus dem Englischen übertragen

Redaktion: Michael Matthes
Korrekturen: Adalbert Goerges
Umschlaggestaltung: Hans Numberger
Satzherstellung: Otto Gutfreund, Darmstadt
Druck und Bindearbeit: Kieser, Augsburg
Printed in Germany

ISBN 3-463-00773-8

INHALTSVERZEICHNIS

VORWORT

> *»Wie ich die Natur betrachtet,*
> *betrachte ich nun die Kunst.«*
> J. W. von Goethe an Frau
> von Stein, 20. 12. 1787

Die einzelnen Wissenschaften haben sich in unserem Jahrhundert immer weiter auseinander entwickelt. Die verschiedenen Disziplinen befassen sich heute meist mit isolierten Teilproblemen, und es ist für den einzelnen unmöglich, einen Überblick unseres gesamten Wissens zu gewinnen. Durch das gewaltige Wachstum des Wissens wird aber auch der Übergangsbereich zum Nichtwissen immer größer, denn jede Erkenntnis wirft neue Fragen auf. Da diese Fragen in verschiedene Disziplinen führen und sich auch gegenseitig überschneiden, werden interdisziplinäre Zusammenarbeit sowie die Synthese der vorhandenen Erkenntnisse und wissenschaftlichen Methoden zu einem sinnvollen Ganzen, zu einer zunehmend wichtigeren Aufgabe.

Vor fast zweihundert Jahren versuchte Johann Wolfgang von Goethe, die naturwissenschaftliche Betrachtungsweise auch auf den geistig-kulturellen Bereich anzuwenden. Dasselbe Vorgehen wählten die Autoren des vorliegenden Werkes. Dies aber nicht etwa in der Absicht, den Menschen auf naturwissenschaftlich beschreibbare Prozesse zu reduzieren, sondern aus der Überzeugung heraus, daß dieses Vorgehen eine vielversprechende Forschungsstrategie darstellt, um in die tieferen Geheimnisse des menschlichen Wesens vorzudringen. Dabei wird nicht der Anspruch erhoben, den einzig gangbaren Weg aufzuzeigen. Vielmehr wird versucht, ausgehend von den gesicherten Grundlagen naturwissenschaftlicher Erkenntnisse, einen Beitrag zur interdisziplinären Gesamtschau des Menschen zu leisten.

Es mag vielleicht überraschen, daß ein erfahrener mit einem jüngeren Naturwissenschaftler für ein solches Unterfangen zusammenkamen. Der Anlaß dazu liegt nicht nur in ihrem gemeinsamen Interesse an den komplexen Phänomenen des menschlichen Gehirns und Geistes, sondern auch an ihrer Vorliebe für die Südschweiz. Obwohl nicht in dieser Region aufgewachsen, haben beide in der Bergregion der Alpensüdseite ein *Pied-à-terre* gefunden, wo sie in Ruhe arbeiten und philosophieren können. Hier kamen sie auch miteinander ins Gespräch. Im vorliegenden Werk geben sie nun einen Überblick der heutigen Erkenntnisse über die Entwicklung, den Bau und die Tätigkeit des menschlichen Gehirns und versuchen aufzuzeigen, welche Aussagen sich daraus über Wesen, Errungenschaften und Möglichkeiten des Geistes ableiten lassen. Selbstverständlich sind manche dieser Aussagen noch spekulativ. Sie stützen sich zwar auf naturwissenschaftliche Befunde, gehen aber auch darüber hinaus. Unvollständige Erkenntnisse sind dabei oft nützlicher, als ein Fehlen jeglicher Anhaltspunkte, daraus abgeleitete Hypothesen können Anlaß zu sinnvollen Untersuchungen geben. Die engeren Grenzen der Neurobiologie werden aber in der vorliegenden Abhandlung auch deshalb überschritten, um neuere biologische Erkenntnisse weiteren Kreisen zugänglich zu machen und die Zusammenarbeit zwischen natur- und geisteswissenschaftlichen Disziplinen zu fördern. Die hier angeschnittenen Problemkreise erfordern nämlich zu ihrer Klärung die interdisziplinäre Zusammenarbeit all jener Wissenschaften, die sich mit dem Phänomen Leben und insbesondere mit dem Menschen beschäftigen. Nicht vorgefaßte Meinungen werden vertreten, sondern in erster Linie Fakten geliefert, die den Leser zum eigenen Nachdenken anregen sollen.

Airolo und Contra, August 1979

John C. Eccles

VOM PROBLEM KÖRPER UND GEIST ZUM PROBLEM VON GEHIRN UND GEIST

Griechische Philosophen setzten sich als erste mit dem Problem von Körper und Geist auseinander, als sie erkannten, daß zwischen psychischen Erfahrungen und der materiellen Struktur des menschlichen Körpers ein Unterschied besteht. Es herrschte der Glaube, daß das Gehirn speziell mit den geistigen Erlebnissen in engem Zusammenhang steht, daß es aber eine wesentliche Einheit von Körper und Geist gibt. Überraschend ist, daß der große Philosoph und Biologe ARISTOTELES (384–322 v. Chr.) die entgegengesetzte Meinung vertrat und behauptete, das Herz sei die Verbindungsstelle zwischen Geist und Körper. Er war tief beeindruckt von der Beobachtung, daß das freigelegte menschliche Gehirn, wenn man es berührte oder zerschnitt, der betreffenden Person keine bewußten Empfindungen lieferte und daß es blaß aussah und sich kalt anfühlte. Deshalb schlug er vor, seine Funktion bestünde darin, das Blut zu kühlen, das im Herzen so sehr überhitzt werde. Demgegenüber veranlaßte eine Untersuchung der Epilepsie HIPPOKRATES (um 460–um 370 v. Chr.) dazu, die Ansicht zu unterstützen, daß das Gehirn der Sitz des Geistes sei. In dem Buch »Corpus Hippocraticum« (um 400 v. Chr.) kommt dies ganz klar zum Ausdruck. Die Funktion des Gehirns ist dort wie folgt umschrieben: »Die Menschen sollten wissen, daß aus keiner anderen (Quelle) Lust und Freude, Lachen und Scherzen kommen als daher, von wo auch Trauer und Leid, Unlust und Weinen stammen. Und damit vor allem denken und überlegen wir und sehen und hören und unterscheiden wir das Häßliche und Schöne, das Schlechte und Gute, das

Angenehme und das nicht Angenehme, indem wir es zum Teil nach dem Herkommen beurteilen, zum Teil aber nach dem Nutzen erkennen; indem wir damit Lust und Unlust je nach den Umständen unterscheiden, gefallen uns dieselben Dinge nicht immer gleich. Gerade durch eben dieses Organ verfallen wir auch in Raserei und Wahnsinn und treten Angst und Schrecken an uns heran, sowohl des Nachts als auch am Tage, dazu Schlaflosigkeit, Irrtümer, unpassende Sorgen, Verkennung der tatsächlichen Lage und Vergessen. All das erleiden wir vom Gehirn her, wenn es nicht gesund ist, sondern wenn es wärmer als normal wird oder kälter oder feuchter oder trockener oder sonst eine widernatürliche Veränderung erfährt, die es nicht gewohnt ist« (hg. v. Grensemann 1968, 83).

Die Auffassung von Hippokrates, dem wir auch den nach ihm benannten Eid als moralische Grundlage ärztlichen Handelns verdanken, fand – trotz der Autorität des Aristoteles – bald allgemeine Zustimmung. Sie wurde bestärkt durch die starke Unterstützung, die sie durch den griechischen Arzt Galenos (129–198 n. Chr.) erfuhr. Von Galenos ging jedoch ein schwerer Irrtum aus, der erst Ende des achtzehnten Jahrhunderts endgültig beseitigt wurde. Galenos glaubte, daß die Nerven hohle Röhren seien und daß durch diese Röhren die Lebensgeister *(Spiritus animales)* als Signale zum und vom Gehirn weg fließen. Somit war es für Galenos selbstverständlich, daß er der Flüssigkeit, die die als Ventrikelsystem bezeichneten inneren Hohlräume des Gehirns ausfüllt, wo sich seiner Auffassung nach der gemeinsame Versammlungsort der Lebensgeister befindet, einen besonderen Status zuerkannte. Man vermutete, daß die Lebensgeister aus den Nerven in die Ventrikel strömen und daß durch das Wiederhinausströmen dieser Lebensgeister in die Nerven, die die Muskeln versorgen, Handlungen zustande kommen.

Zu Beginn des siebzehnten Jahrhunderts lieferte der französische Philosoph und Mathematiker René Descartes (1596–1650) einen wichtigen Beitrag zur Hirnforschung durch die Feststellung, daß Sinnesempfindungen nur dann zustande kommen, wenn die Nervensignale das Gehirn erreichen. Es ist dabei belanglos, ob Vorgänge im Gehirn durch lokale Stimulierung der Hirnrinde oder irgendeines Teils der sensorischen Leitungsbahn, wie z. B. beim Phantomglied (vom Amputierten als noch vorhanden empfundene Gliedmaße, die auch noch zu schmerzen scheint), verursacht werden oder ob solche Vorgänge – wie es gewöhnlich der Fall ist – durch periphere Stimulierung hervorgerufen werden. Jedoch glaubte er noch an den Strom von Lebensgeistern und behauptete zudem, die Zirbeldrüse – eine dem Zwischenhirndach aufsitzende Drüse, die auch Epiphyse oder Pinealorgan genannt wird – sei der Sitz der Seele und durch ihre Bewegung werde der Strom der Lebensgeister nach außen geregelt, um die Körperbewegungen hervorzubringen. Man muß sich vergegenwärtigen, daß vor der Erfindung des Mikroskops und vor der wissenschaftlichen Erforschung der Elektrizität nur grobe und unbeholfene Erklärungen über die Art und Arbeitsweise des Nervensystems gegeben werden konnten. Der von Descartes gelieferte Beitrag festigte aber schließlich die Erkenntnis über die ausschließliche Rolle des Gehirns beim bewußten Erleben. Das Problem von Körper und Geist war damit zu einem Problem von Gehirn und Geist geworden. In der zweiten Hälfte des siebzehnten Jahrhunderts gab dann der englische Arzt und Pionier der Hirnforschung Thomas WILLIS (1621–1675) die richtige Anregung, daß die graue Substanz der Hirnrinde und der tieferen Kerne der Sitz der Seele oder der Anima sei, weil er entdeckte, daß die faserige weiße Substanz den Nerven ähnelt und somit als Bahn für die Lebensgeister dienen könnte.

Im neunzehnten Jahrhundert führte die Entdeckung der Bioelektrizität durch den italienischen Arzt und Naturforscher Luigi GALVANI (1737–1798) zur Erkenntnis der elektrischen Natur der Nervenleitung und damit zum endgültigen Verschwinden der Vorstellung von Lebensgeistern, die fast zwei Jahrtausende hindurch unangefochten geblieben war. Während des letzten Teils des neunzehnten Jahrhunderts und im Verlauf des zwanzigsten Jahrhunderts erfolgte ein immenses Wachstum des Wissens über die elektrische Übertragung von Impulsen entlang den Nervenfasern und

Leitungsbahnen von den verschiedenen Arten von Rezeptor-Organen zum Gehirn und von dort aus wiederum zu allen Effektor-Organen des Körpers, insbesondere zur Skelettmuskulatur. In den verschiedenen Stufen der als Antwort auf einen Stimulus erfolgenden Reaktionen läßt sich eine ganze Rangordnung erkennen. Diese Rangordnung reicht von den einfachsten Reflexreaktionen des Rückenmarks über die Reaktionen verschiedenster, zwischen Rükkenmark und Hirnrinde gelegener, subkortikaler Stufen bis hin zu den Reaktionen der Hirnrinde (Kortex). Eingehende Untersuchungen der klinischen Folgen von Verletzungen und der Wirkungen von elektrischer Stimulierung haben gezeigt, daß die Hirnrinde spezielle Areale besitzt, um von der Peripherie her Reize zu empfangen und nach der Peripherie Reize zu übermitteln. Diese speziellen Areale sind in Abbildung 1 dargestellt. Sie machen nur einen kleinen Teil der menschlichen Hirnrinde aus. Die verbleibenden Regionen können wir, indem wir uns dem großen Neurobiologen Wilder Penfield (1891–1976) anschließen, als interpretierende Hirnrinde bezeichnen. Ausgeklügelte anatomische und physiologische Untersuchungen am Primatenhirn haben Feinheiten in den Leistungen dieses Organs erkennen lassen, die eine detaillierte Unterteilung der interpretierenden Hirnrinde erlauben.
Angesichts unseres heutigen Wissens darf man fragen, ob wir die Region des Gehirns, die in unmittelbarer Verbindung mit dem bewußten Erleben des Individuums steht, noch genauer bestimmen können. Der britische Nobelpreisträger und Begründer der modernen Neurophysiologie Charles Sherrington (1857–1952) stellte 1940 diese Frage in einem Kapitel über das sogenannte Liaisonhirn, das die Gehirn und Geist verbindende Schnittstelle im Gehirn bildet. Damals aber konnte die Rolle des Liaisonhirns noch keiner spezifischen Region der Hirnrinde zugewiesen werden. Durch die Untersuchung der klinischen Bedingungen, die zu Bewußtlosigkeit führen, sah sich Penfield dann veranlaßt, vorzuschlagen, daß der Sitz des Bewußtseins sich nicht in der Hirnrinde befinde, sondern in den tief unter der Hirnrinde liegenden großen Kernen, die er als zentrenzepha-

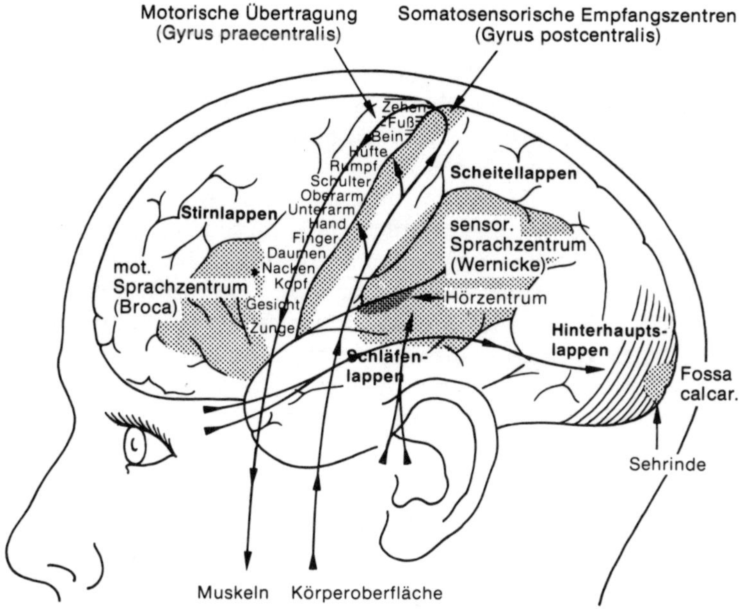

Abb. 1: Motorische und sensorische Areale der Hirnrinde. Die ungefähre Lage der Gebiete für die Übertragung motorischer Reize wird im Gyrus praecentralis gezeigt, wohingegen die Empfangszentren für somatosensorische Reize in einer ähnlichen Anordnung im *Gyrus postcentralis* zu sehen sind. Andere primäre sensorische Gebiete sind das Seh- und Hörzentrum, aber diese befinden sich größtenteils in Regionen, die von dieser seitlichen Ansicht aus nicht eingesehen werden können. Stirnlappen (Frontallappen), Scheitellappen (Parietallappen), Hinterhauptslappen (Okzipitallappen) und Schläfenlappen (Temporallappen) des Gehirns sind angegeben. Gezeigt werden auch die Sprachzentren von Broca und Wernicke.

les System bezeichnete. Die Hirnrinde spielt seiner Meinung nach eine untergeordnete Rolle. Dies war ein interessanter Gedanke, der experimentell an Patienten überprüft wurde, denen zur Behandlung unbeeinflußbarer Epilepsie die große Kommissur *(Corpus callosum),* die die beiden Hirnhemisphären miteinander verbindet, durchtrennt worden war. Aus von Roger SPERRY und seinen Mitarbeitern vorgenommenen Forschungen ging hervor, daß bei den der-

art operierten Patienten nur die sich in der linken Hirnhemisphäre abspielenden neuralen Vorgänge bewußte Erfahrungen vermitteln. Mit der zentrenzephalen Theorie über das Bewußtsein läßt sich dieser Befund aber nicht erklären. Außerdem bekräftigen Sperrys Befunde die Auffassung, daß sich zumindest bei jenen Patienten, denen die Kommissurenfasern durchtrennt wurden, das Liaisonhirn in der linken, d.h. in der dominanten Hirnhemisphäre befindet. Wenn ihr die immense Informationsübermittlung, die ihr von der dominanten Hirnhemisphäre zukommt, nicht vorenthalten wird, kann die untergeordnete Hirnhemisphäre sehr wohl irgendeine direkte Verbindung mit dem sich seiner selbst bewußten Geist haben.
Das ursprüngliche Problem von Körper und Geist hat sich so etappenweise immer weiter zum Gehirn-und-Geist-Problem in seinen verschiedenartigen Formen entwickelt und ist schließlich zum Problem von Liaisonhirn (d.h. spezifischer Areale der Hirnrinde) und Geist geworden. Es ist jedoch sicher, daß die örtliche Festlegung für alle bewußten Erfahrungen sich über weite Regionen erstrecken und Millionen oder sogar Hunderte von Millionen kortikaler Neuronen (Nervenzellen) umfassen wird. Die erlebte geistige Einheit läßt sich nicht aus den Reaktionen irgendeines einzelnen Neurons ableiten, sondern – wie Sherrington darlegt – »Wo es sich um den ›Geist‹ handelt, integriert sich das Nervensystem nicht durch die Zentralisierung auf eine einzige pontifikale Zelle. Vielmehr entwickelt es eine millionenfache Demokratie, bei der jede Einheit eine Zelle ist« (1940, 277).
Wie sich die einzelnen Neuronen zu einem ganzheitlichen System vereinigen, ist ein ebenso faszinierendes wie schwieriges Problem. Das harmonische Zusammenspiel der Nervenzellen kam nicht über Nacht zustande, sondern baute sich während eines Hunderte von Millionen Jahren dauernden Entwicklungsprozesses auf. Ausgehend von einfachen Nervennetzen bildeten sich zunehmend kompliziertere Gehirne, bis schließlich das menschliche Gehirn entstand.

Hans Zeier

ZUR EVOLUTION VON GEHIRN UND GEIST

Gehirn und Geist des Menschen bilden eine funktionelle Ganzheit, die aus einem langwierigen Entwicklungsprozeß hervorging. Während wir aus naturwissenschaftlicher Sicht eigentlich keine direkten Aussagen über Ursprung und Wesen des menschlichen Geistes machen können, wissen wir dagegen über die Entstehungsgeschichte sowie den Bau und die Tätigkeit unseres Gehirns recht gut Bescheid. Wir wollen uns deshalb auf die Ergebnisse der modernen Hirnforschung abstützen und danach versuchen, Erkenntnisse über den menschlichen Geist daraus abzuleiten.

Da sich das menschliche Gehirn nach und nach entwickelte, müssen sich auch das Verhalten und die geistigen Fähigkeiten des Menschen, die an die Gehirntätigkeit gebunden sind, allmählich entwickelt haben. Dieser Entwicklungsprozeß verlief zielgerichtet wie etwa ein Schachspiel, bei dem zwar kein vorgegebener Weg einzuhalten ist, dafür aber strenge Spielregeln vorgeschrieben sind. Jeder einzelne Entwicklungsschritt stellte Weichen für weitere Entwicklungsmöglichkeiten; jede Entwicklungsstufe verfügt über neue Eigenschaften, die durch ihre Vorstufen mitgeprägt sind. Den Menschen können wir also nur verstehen, wenn wir auch über seine biologische Vergangenheit Bescheid wissen. Von grundlegender Bedeutung ist dabei, wie die stammesgeschichtlich und die individualgeschichtlich erworbene ›Lebenserfahrung‹ sich ergänzen und welche Rolle die verschiedenen Teile des Gehirns in diesem Zusammenhang spielen. Die einzelnen Hirnteile bilden ein funktionierendes Ganzes, ein zentrales Regulations- und Koordinationsorgan. Da Gehirne immer als Bestandteile eines höheren Systems – eines Organismus – existieren, muß die Gehirnentwicklung zugleich im größeren Zusammenhang der stammesgeschichtlichen Entfaltung der Lebewesen gesehen werden.

DIE NATURWISSENSCHAFTLICHE EVOLUTIONSTHEORIE

Unter Evolution verstehen wir zunächst die stammesgeschichtliche Entwicklung der Lebewesen von einfachsten einzelligen Organismen zu immer komplexeren Lebensformen bis hin zum Menschen mit seinem überaus leistungsfähigen Gehirn und Geist. Diese biologische Evolution ist gekennzeichnet durch fortschreitende Entfaltung unterschiedlicher Möglichkeiten von Lebewesen, sich mit ihrer Umwelt auseinanderzusetzen und weiterzuentwickeln. Sie war möglich, weil einerseits sehr große Zeiträume zur Verfügung standen, andererseits die belebte Natur über Eigenschaften verfügt, die sie grundsätzlich von der unbelebten Natur abheben. Die Eigenschaften des Lebendigen umfassen erstens die Fähigkeit, durch Stoffwechselvorgänge sich selbständig instand zu halten, zweitens die Möglichkeit, sich selber zu reproduzieren, und drittens den Besitz von mehr oder weniger flexiblen, variantenreichen Bauplänen, die in den Genen niedergeschrieben sind und über die Generationen hinweg durch Mutationen umgestaltet werden.

Kreative Entfaltungsprozesse sind aber nicht nur ein Merkmal der biologischen Vorgeschichte des Menschen. Innerhalb wesentlich kürzerer Zeiträume sind sie in der Persönlichkeitsentwicklung jedes einzelnen Menschen, aber auch in der kulturellen und gesellschaftlichen Entwicklung der gesamten Menschheit wirksam. Man darf dabei davon ausgehen, daß es Eigenschaften und Gesetzmäßigkeiten gibt, die alle diese Entwicklungsprozesse auszeichnen.

Ein universeller und kreativer Gestaltungsprozeß

Immer wieder fällt bei der Betrachtung von Lebewesen auf, wie hervorragend diese bezüglich ihrer Form und den in ihrem spezifischen Lebensbereich auszuführenden Tätigkeiten angepaßt sind. Ein universeller und kreativer Gestaltungsprozeß scheint dies geschaffen zu haben. Bis in die kleinsten strukturellen und funktionellen Details wirkt er sich aus. Betrachten wir das Blutgefäßsystem der Säuger: Seine Aufgabe ist, Blut in alle Teile des Körpers zu transportieren. Beim Menschen hat das Blutgefäßsystem die imposante Länge von etwa 100000 Kilometern. Es ist nun äußerst wichtig, das Blut mit einem minimalen Arbeitsaufwand durch das Gefäßnetz zu transportieren. Es läßt sich berechnen, wie ein solches System aufgebaut sein muß, damit es optimal ist. Bezeichnenderweise stimmen die durch die Natur realisierten Verhältnisse mit den theoretisch berechneten Werten überein: Der Winkel, unter dem sich die Blutgefäße verzweigen, ist in der Regel so groß, daß der Durchflußwiderstand für das System minimal ist. Der optimale Radius der Aorta, welche das Blut aus dem Herzen empfängt, sollte gleich oder größer als 1,3 Prozent der mittleren Durchflußgeschwindigkeit sein, was zum Beispiel bei Hund, Ratte, Schaf und Mensch der Fall ist. Die Viskosität des Blutes, die von der Anzahl roter Blutkörperchen pro Volumeneinheit abhängt, ist dabei gerade so groß, daß der Arbeitsaufwand für das Herz minimal bleibt; Abweichungen von diesem Wert bewirken eine Mehrbelastung. Bei Blutarmut ist das Blut dünnflüssiger und kann infolge der geringeren Zahl roter Blutkörperchen pro Volumeneinheit weniger Sauerstoff transportieren, weshalb eine höhere Durchflußgeschwindigkeit erforderlich ist. Dickflüssiges Blut kann zwar mehr Sauerstoff transportieren als normales, dafür muß aber das Herz einen größeren Druck erzeugen, um den erhöhten Widerstand zu überwinden.

Es gibt aber auch Eigentümlichkeiten im Körperbau oder im Verhalten von Lebewesen, die nachteilig erscheinen, wenn sie isoliert betrachtet werden. Dennoch können sie zweckmäßige Anpassungen darstellen, wenn sie im Verlaufe der Evolution lediglich als Begleiterscheinungen von nützlichen Eigenschaften aufgetreten sind. So erschwert die Kopfgröße des menschlichen Fetus den Geburtsvorgang außerordentlich, brachte aber den Vorteil eines leistungsfähigen Gehirns mit sich, das unsere geistige und kulturelle Entfaltung erst ermöglichte. Ähnlich wie der Mensch in der Technik, muß auch die Natur Kompromisse eingehen. Diese sind in der Regel so angelegt, daß die Vorteile einer evolutiven Errungenschaft wenigstens graduell die Nachteile überwiegen.

Die Besonderheit des Lebendigen und das Vorhandensein eines für Form und Tätigkeit der Lebewesen verantwortlichen Gestaltungsprinzips ist dem Menschen vermutlich schon sehr früh aufgefallen. ARISTOTELES (384–322 v. Chr.) nahm dafür eine übernatürliche Kraft an, die er Entelechie nannte. Aristoteles gilt als Begründer des sogenannten Vitalismus, der bis heute immer wieder seine Vertreter fand, zuletzt Hans DRIESCH (1867–1941) und Henri BERGSON (1859–1941). Der Vitalismus bietet aber keine eigentliche Erklärung, er verschiebt das Problem lediglich auf eine andere Ebene. Im wesentlichen beinhaltet er das Zugeständnis, daß das Leben ein unerklärliches und unfaßbares Phänomen sei. Diese Auffassung konnte zum eigentlichen Verständnis der Evolutionsgeschichte und der Lebensphänomene nichts beitragen.

Eine naturwissenschaftliche Erklärung der Entstehung und Ausbreitung der Lebewesen begann sich erst im 17. und 18. Jahrhundert zu entwickeln, als verschiedene Philosophen und Naturwissenschaftler darangingen, die von dem griechischen Naturphilosophen ANAXIMANDER (um 610–546 v. Chr.) und von der christlichen Heilslehre angedeutete Vorstellung zu verfolgen, die Lebewesen seien nacheinander in zunehmend höheren Entwicklungsstufen entstanden. Die eigentliche Abstammungslehre aber setzte mit Jean-Baptiste LAMARCK (1744–1829) und Charles DARWIN (1809–1882) ein.

Nach Lamarck spielt der Gebrauch und Nichtgebrauch von Organen eine wichtige Rolle für ihre weitere Entwicklung, indem der Gebrauch ein Organ stärkt, der Nichtgebrauch es dagegen schwächt. Die dadurch entstandenen Veränderungen sollen dann vererbt werden. Eine direkte Vererbung erworbener Eigenschaften ließ sich jedoch nie nachweisen und ist nach den Erkenntnissen der modernen Genetik auch gar nicht denkbar. Wie wir aber noch sehen werden, haben Umwelt und Gebrauch anlagemäßig vorhandener Verhaltenskapazitäten für die Evolution der Lebewesen trotzdem eine bestimmte Bedeutung.

Nach der Theorie von Darwin entstehen durch zufällig auftretende genetische Mutationen verschiedene Varianten, aus denen die Umwelt die lebenstüchtigsten ausliest. Diese Auslese, von Darwin als natürliche Selektion bezeichnet, wird als das Ergebnis eines alle Lebewesen kennzeichnenden Kampfes ums Dasein betrachtet. Darwin stellte dabei bereits fest, daß Verhaltensänderungen eines Individuums spontan auftreten können, worauf die natürliche Selektion anschließend die strukturelle Anpassung besorge (Darwin 1859).

Die Darwinsche Theorie gewann rasch an Verbreitung und wurde in der Folge durch ›Neodarwinisten‹ in dem Sinne modifiziert, daß nicht nur genetische Mutationen, sondern vor allem auch Neukombinationen des in einer Population vorhandenen Genmaterials Variationen hervorbringen, die die Evolution ermöglichen. Aber auch der Neodarwinismus vermochte die den Evolutionsprozeß kennzeichnende progressive Zunahme an biologischer Organisation und Information nicht befriedigend zu erklären. Dieses Problem löste erst die kybernetische Betrachtungsweise, die unter Einbeziehung der Erkenntnisse der modernen Genetik die von Lamarck und Darwin postulierten Prozesse zu einem Interaktionsprozeß kombinierte und die der Umwelt (Lamarck) beziehungsweise den Genen (Darwin) zugeschriebenen Ursachen durch eine kybernetische, d.h. auf Wechselwirkung beruhende Kausalität ersetzte.

Grundlegend für die kybernetische Betrachtungsweise des Evolutionsgeschehens ist die Erkenntnis, daß nicht nur die Umwelt angepaßte Lebewesen selektioniert, sondern auch das einzelne Lebewesen seine Umwelt auswählen und aktiv verändern kann. Der Gedanke der aktiven Rolle und Eigenaktivität der Lebewesen wurde von Darwinisten wie James Baldwin (1861–1934) und Lloyd Morgan (1852–1936) aufgegriffen und in eine Theorie der organischen Evolution einbezogen (s. Hardy 1965), noch bevor Kybernetik und Systemtheorie entstanden und auf die Lebensprozesse angewandt wurden (Wiener 1948; von Bertalanffy 1932, 1942, 1949, 1968). Jedes Lebewesen verfügt nämlich über ein mehr oder weniger variables Verhaltensrepertoire; sogar ein Baum verändert seine Umwelt, wenn seine Wurzeln Felsbrocken auseinanderzwängen und dadurch Zugang zu andersartig zusammengesetztem Erdreich erhalten.

Anpassungsvorteile ergeben sich danach nicht nur aus der Struktur eines Lebewesens, sondern auch aus dem Gebrauch dieser Struktur, dem Verhalten eines Lebewesens. Das zu Reproduktionserfolgen führende Verhalten wird durch die natürliche Selektion begünstigt, wodurch die Häufigkeit beeinflußt wird, mit der einzelne Gene in einer Population artgleicher Individuen vorkommen. Zwischen dem Verhalten und seiner biologischen Grundlage besteht also ein Rückkopplungsprozeß: Verhalten ist nicht nur Ursache für Veränderungen in den Genfrequenzen, Verhalten ist auch Folge solcher Veränderungen. Der Evolutionsprozeß erhält damit eine Eigendynamik und läßt sich nicht auf einfache Ursache-Wirkung-Mechanismen zurückführen; er ist als ein fortschreitendes, d.h. sich ständig entfaltendes System zu erklären. Theodosius Dobzhansky bezeichnet die Evolution denn auch als »schöpferische Antwort der lebenden Materie auf von der Umwelt angebotene Gelegenheiten« (1960, 96–97), wobei er mit ›schöpferisch‹ das Hervorbringen von neuen Dingen, Ereignissen oder Ideen meint, die vorher noch nie in identischer Form aufgetreten sind. Derartige Prozesse sind aber nur in Systemen möglich, die über eine selektionierende Eigendynamik verfügen und einer durch äußere Selektion bewirkten Erfolgskontrolle unterstehen.

Genotyp und Phänotyp

Für das Verständnis des Evolutionsgeschehens ist die strikte Unterscheidung zwischen Genotyp und Phänotyp von Bedeutung. Der Phänotyp ist das beobachtbare Erscheinungsbild, das das einzelne Individuum einer Art bietet. Dagegen ist das als Genotyp bezeichnete Erbbild, also die mosaikartig zusammengesetzte Gesamtheit der im betreffenden Individuum steckenden Gene, beziehungsweise die darin gespeicherte Information, nicht direkt beobachtbar. Zwei Individuen sind von verschiedenem Genotyp, wenn sie sich mindestens in einem Gen unterscheiden, und von verschiedenem Phänotyp, wenn zwischen ihnen ein feststellbarer Unterschied in mindestens einem Merkmal besteht.

Die Gene sind Elementareinheiten der Vererbung, die winzig klein und ähnlich wie Viren aus Desoxyribonukleinsäuren (DNA) aufgebaut sind. Sie bilden zusammen eine Funktionseinheit: Jedes Gen bestimmt die Zusammensetzung eines ganz spezifischen, aus aneinandergereihten Aminosäuren bestehenden Eiweißmoleküls. Diese Eiweißmoleküle beteiligen sich am Zustandekommen bestimmter Eigenschaften und Strukturen von Lebewesen. Sie bilden aber jeweils nur ein winziges Glied im System einer Organanlage; auf sich allein gestellt, könnten sie nichts leisten. Vererbung ist also nicht nur ein Kodieren von Eiweißmolekülen, sondern ein komplexes, ganzheitliches Geschehen, in das die Gene in bestimmter Weise eingreifen. Dabei schließen sich verschiedene Gene zusammen und bilden sogenannte Wirkketten. Die Zwischenprodukte einer solchen Wirkkette können zusätzlich noch als unentbehrliche Bausteine für andere Wirkketten dienen, so daß ein in sich verwickeltes Netzwerk entsteht. Dadurch ist das einzelne Gen am Zustandekommen von ganz verschiedenen Merkmalen beteiligt. Fällt ein Gen aus, so kann das weitreichende Folgen nach sich ziehen. Der Phenylbrenztraubensäure-Schwachsinn beispielsweise kommt dadurch zustande, daß infolge eines Gendefekts ein spezifisches Eiweißmolekül nicht gebildet wird, das für den Abbau der Aminosäure Phenyla-

lanin erforderlich ist. Das deshalb in zu großer Menge vorkommende Phenylalanin wird unter anderem auch in Phenylbrenztraubensäure umgeformt und schädigt die Hirnzellen, was hochgradigen Schwachsinn zur Folge hat. Dieser Schwachsinn beginnt im Alter von 3 bis 4 Monaten und schreitet in den ersten Lebensjahren rasch voran. Einmal entwickelt, läßt er sich nicht mehr rückgängig machen. Seine Entstehung kann aber vermieden werden, wenn man dem Säugling frühzeitig eine phenylalaninarme Diät gibt und dies konsequent bis zur Adoleszenz durchhält. Deshalb prüft man heute bei allen Neugeborenen, ob diese zwar seltene, aber schwerwiegende Störung vorliegt. Neben dem Schwachsinn als Hauptmerkmal haben Kinder mit diesem Gendefekt bereits bei der Geburt meist auffällig hellblonde Haare und hellblaue Augen, ihre Haut und ihr Urin weisen einen mäuseartigen Geruch auf, auch kommen mitunter ekzemartige Hautveränderungen vor.
Da ein Gen meist in mehrere Wirkketten eingreift, kommen auch die meisten beobachtbaren Merkmale oder ›Phäne‹, so etwa die Haarfarbe des Menschen, durch mehrere Gene zustande. Dabei lassen sich gleiche Merkmale oder entwicklungsphysiologische Prozesse häufig durch ganz unterschiedliche Genzusammenstellungen oder Umweltbedingungen realisieren. Dies belegen Merkmale, die sich parallel und voneinander unabhängig bei verschiedenen Tierarten entwickelten und dadurch auf jeweils ganz unterschiedlicher genetischer Anlage beruhen müssen. So entstand beispielsweise bei vielen in Schneegebieten lebenden Wirbeltierarten wie Schneehuhn, Schneehase, Eisbär, Polarfuchs und Hermelin eine weiße Tarnfarbe als Anpassung an diesen speziellen Lebensraum.
Die moderne Genetik hat aber auch gezeigt, daß es nicht nur ›Strukturgene‹ gibt, sondern auch durch die Umwelt aktivierbare ›Regulatorgene‹, die vielleicht noch zahlreicher sind als die Strukturgene, deren Tätigkeit sie kontrollieren. Dadurch gewinnen Umweltbedingungen und eigenes Verhalten zusätzlich an Bedeutung, indem sie morphologische Entwicklungsprozesse einleiten, fördern oder auch unmöglich machen. Bei Laborratten führt die Anreicherung der

Umwelt durch Spielmöglichkeiten und Sozialkontakte durchwegs zu einer Zunahme der Dicke der Hirnrinde, wobei vermehrte dendritische Verzweigungen und Synapsenbildungen der Nervenzellen sowie eine Zunahme der Enzymkonzentration nachgewiesen werden konnten (Rosenzweig u.a. 1972).

Der durch die jeweilige Genkonfiguration eines Individuums gebildete Genotyp ist durch seine ›Reaktionsnorm‹ gekennzeichnet, d.h. durch all die Phänotypen, die er hervorzubringen vermag, wenn man die Umwelteigenschaften verändert. Der Genotyp legt die Grenzen fest, innerhalb derer sich ein Individuum entwickeln kann. Aufgrund der komplexen Wirkungsmöglichkeiten der Gene gibt es zwischen Genotyp und Phänotyp keine eindeutige Zuordnung. Einerseits können verschiedene Genotypen unter Umständen denselben Phänotyp hervorbringen, andererseits läßt sich ein bestimmter Phänotyp durch verschiedene Genotypen realisieren. Über den äußerst komplexen Umformungsprozeß vom Genotyp zum Phänotyp wissen wir noch recht wenig Bescheid; es wird eine ebenso faszinierende wie wichtige Aufgabe für die moderne Genetik sein, diesen Vorgang näher zu erforschen. Bekannt ist nur, daß in diesen Umformungsprozeß die Umwelt eingreift. Jeder Phänotyp stellt einen Kompromiß zwischen einer Reihe widersprüchlicher Umweltanforderungen dar. Je besser Phänotypen in ihre jeweilige Umwelt passen, desto stärker werden sie von der natürlichen Selektion begünstigt. Genotypen sind diesem Ausleseprozeß nur indirekt unterworfen. Im Selektionsprozeß wird aber nicht das einzelne Merkmal, sondern die gesamte Merkmalskombination, die das einzelne Individuum aufweist, bewertet. Die zahlreichen Vor- und Nachteile addieren sich auf. Individuen, deren Gesamteignung besser ist als der in einer Population vorhandene Durchschnitt haben die größten Überlebens- und Fortpflanzungschancen. Dieses Auswahlverfahren ist von rein statistischer Natur. Es bewirkt, daß sich die einzelnen Individuen einer Population mit unterschiedlichem Erfolg fortpflanzen. Das Einzelschicksal ist dabei nicht voraussagbar, lediglich die in einer bestimmten Population und Umwelt

zu erwartende Verteilung verschiedener Struktur- und Verhaltensmerkmale.
Der komplexe Umformungsprozeß vom Genotyp zum Phänotyp, beziehungsweise die darin zum Ausdruck gelangenden Wechselwirkungen von Anlage und Umwelt erhöhen darüber hinaus die Verschiedenartigkeit und Veränderbarkeit von Lebewesen. Eine direkte Kopplung von Genotyp und Phänotyp ergäbe ein sehr starres System. Für jede Veränderung eines Struktur- oder Verhaltensmerkmals wäre eine genetische Veränderung erforderlich; der individuelle Entwicklungsverlauf könnte nur gemäß dem genetisch vorgeschriebenen Programm erfolgen. Jeder Mensch würde beispielsweise dann nur dasjenige Intelligenzniveau erreichen, das seiner individuellen genetischen Anlage entspricht. Hätte aber die Umwelt völlig freie Wirkmöglichkeiten, so würde dies bedeuten, daß bei gleichen Umweltbedingungen alle Individuen einer Art einander vollständig entsprechen würden. Wie bei der einseitigen genetischen Festlegung des individuellen Entwicklungsverlaufs ergäben sich bei einer vollständigen Umweltdeterminierung vorprogrammierte Lebensläufe. Die komplexen Wechselwirkungen zwischen Anlage und Umwelt fördern aber sowohl die für die individuelle wie die für die stammesgeschichtliche Entwicklung erforderliche Variabilität und Flexibilität. Der Mensch erhält durch die genetische Komponente seiner Individualität einen natürlichen Schutz vor totaler Manipulation durch die Umwelt, kann aber seine genetischen Anlagen nur dann voll entfalten, wenn er auf für ihn günstige Umweltbedingungen trifft. Da genetische Anlagen individuell verschieden sind, bestehen auch hinsichtlich der jeweils optimalen Umweltbedingungen große individuelle Unterschiede. Ernstgemeinte Chancengleichheit läßt sich danach gerade nicht durch einheitliche Schulung, sondern nur durch unterschiedliche, auf die Fähigkeiten der betreffenden Individuen zugeschnittene Ausbildungsprogramme erreichen.

Die Gesetze des Genpools

Die stammesgeschichtlichen Entwicklungsmöglichkeiten der Lebewesen sind von der Art und Weise abhängig, wie sich die Gene über die Generationen hinweg durchmischen und weitergegeben werden. Die biologische Evolution ist somit an den Fortpflanzungsprozeß gebunden, der definitionsgemäß nur unter Angehörigen derselben Art erfolgreich und kontinuierlich stattfinden kann. Die innerhalb einer Art vorhandenen Gene bilden zusammen einen Genpool, denn sie können sich durch den Fortpflanzungsprozeß zu beliebigen Kombinationen zusammenfinden. Hier besteht ein gewaltiges Angebot für Neukombinationen, die zusammen mit Mutationen und Replikationsfehlern das für den Evolutionsprozeß notwendige Ausgangsmaterial liefern. Ums Überleben kämpfen dann eigentlich nicht die Art oder das einzelne Individuum, sondern Struktur- und Verhaltensmerkmale, an denen die natürliche Selektion angreift. Diese Selektion erfolgt zweistufig, indem einerseits die innere Abgestimmtheit des Organismus und andererseits seine Fähigkeit zur Auseinandersetzung mit der bestehenden äußeren Umwelt geprüft wird. Die innere Abgestimmtheit ist nur gewährleistet, wenn sich die Abänderungen harmonisch in den bestehenden Hintergrund einfügen. Ist dagegen die ›Teamarbeit‹ gestört, so geht schon die Embryonalentwicklung schief. Es entstehen Mißbildungen, die meist gar nicht erst lebend zur Welt kommen. Nur geringfügige genetische Veränderungen können die erste Selektionshürde überwinden. Dieser Umstand erklärt, weshalb beispielsweise alle Lebewesen, egal ob Pflanze, Tier oder Mensch, den gleichen genetischen Code verwenden. Würde nämlich das ›Übersetzungslexikon‹ plötzlich abgeändert, so würden praktisch alle Eiweißmoleküle anders zusammengesetzt werden, und die innere Abgestimmtheit wäre völlig durcheinander. Im Gegensatz zur ersten Selektionshürde kann die zweite Selektionshürde, die in der Auseinandersetzung des Organismus mit der bestehenden Umwelt in Erscheinung tritt, relativ sprunghafte Veränderungen bewirken. Vorteilhafte Gene finden im

Genpool eine fast lawinenartig zunehmende Verbreitung. So können sich kleinste Einzelvorteile verhältnismäßig rasch zu größeren Verbesserungen aufaddieren. Die wohl höchste Potenz für große Evolutionsschritte liegt in der Wiederverschmelzung vorübergehend getrennter, aber gerade noch kreuzungsfähiger Unterarten.

Den aus der zweistufigen Selektion hervorgehenden Struktur- und Verhaltensmerkmalen liegen zwar Gene zugrunde, Gen und Merkmal stehen sich aber nicht im Verhältnis 1 : 1 gegenüber. Richard DAWKINS (1976) verkennt den komplexen Umformungsprozeß vom Genotyp zum Phänotyp, wenn er vom »egoistischen Gen« spricht, das ums Überleben kämpft. Ähnlich wie der Mensch seine individuellen Möglichkeiten durch gesellschaftliche Organisation steigert, Individuen und Gesellschaft nur in Wechselseitigkeit existieren können, entfalten sich Gene nur dann, wenn sie sich in einem ganzheitlichen Individuum zusammenfinden. Diese Ganzheit ist mehr als die arithmetische Summe ihrer einzelnen Teile. Durch den organisierten Zusammenschluß entstehen ganz neue Eigenschaften und Möglichkeiten, die auf der Stufe der Gene, die ja nur Eiweißmoleküle codieren, noch gar nicht vorhanden sind.

Bei mehrzelligen Lebewesen mit geschlechtlicher Fortpflanzung sind die Gene auf jeweils artspezifische Weise in sogenannten Chromosomen angeordnet. Die meisten Lebewesen besitzen zwei vollständige Chromosomensätze. Den einen erbten sie von ihrer Mutter, den anderen von ihrem Vater. Diese beiden Chromosomensätze sind im Zellkern aller Körperzellen vorhanden. Die Keimzellen dagegen, also die weiblichen Ei- und die männlichen Samenzellen, besitzen nur je einen Chromosomensatz, die sich im Befruchtungsprozeß zu einem neuen Individuum vereinigen, das wiederum zwei vollständige Chromosomensätze aufweist.

Gene und Chromosomen bilden eine funktionelle Einheit, die als organisiertes und Information enthaltendes System aus der Evolution hervorging. Weicht die chromosomale Zusammensetzung von der Norm ab, so beeinflußt dies die für eine ›Teamarbeit‹ erforderliche innere Abgestimmtheit

zwischen den einzelnen Genen, was schwerwiegende Folgen hat. Fehlen etwa in einer Keimzelle ganze Chromosomenabschnitte, so ist sie in der Regel nicht entwicklungsfähig. Aber auch ein Zuviel an Genmaterial kann störend wirken. So entsteht beispielsweise beim Menschen ein mongoloides Kind, wenn Chromosom 21 in dreifacher statt in doppelter Ausführung vorhanden ist.
Von vielen Genen existieren mehrere Varianten, die als Allele des betreffenden Gens bezeichnet werden. Der einzelne Chromosomensatz besitzt an den entsprechenden ›Genloci‹ jeweils nur eine von mehreren möglichen Varianten. Dies wiederum führt zu einer Vielzahl von Kombinationsmöglichkeiten. Die Zahl der verschiedenen Genotypen, die potentiell möglich sind, übersteigt bei weitem die Anzahl der Individuen, die eine Art – auch über große Zeiträume hinweg – hervorbringen kann. Die Wahrscheinlichkeit, daß es, außer bei eineiigen Zwillingen, jemals zwei genetisch identische Menschen geben wird, beträgt etwa $1 : 10^{10000}$. Das einzelne Individuum besitzt also eine genetische Einmaligkeit, die bei seinem Tode wieder verlorengeht. Gene selbst haben – wie die einzelligen Lebewesen – eine potentielle Unsterblichkeit; sie können sich unverändert replizieren. Wird ein bestimmtes Gen zum Aufbau eines lebensnotwendigen Strukturelements benötigt, so überlebt es große Zeiträume, zumindest lebt es so lange, wie diese Struktur unentbehrlich ist oder sich nicht auf andere Weise aufbauen läßt.
Bei der Genreplikation kommt es nun allerdings auch zu Fehlern. Diese aber erhöhen die Variabilität im Genpool; sie beeinträchtigen die Überlebenschancen eines bereits in großer Anzahl vorhandenen Gens nicht. Im Gegensatz zum erfolgreichen Gen ist bei mehrzelligen Lebewesen das Individuum dem Alterstod unterworfen. Der Selektionsdruck besteht nur in bezug auf die Weitergabe des Lebens, nicht aber für eine unbeschränkte Fruchtbarkeit und Lebensdauer (Medawar 1957). Gene, die sich erst in einem Alter nachteilig auswirken, in dem normalerweise bereits genügend Nachkommen vorhanden sind, die ohne elterlichen Beistand überleben können, werden durch die natürliche Se-

lektion nicht mehr eliminiert und vermögen sich deshalb im Genpool zu halten.

Evolution fand und findet statt, weil Lebewesen in ihrer Auseinandersetzung mit der sich ändernden Umwelt unterschiedlich erfolgreich sind. Wem es gelingt, mit geringerem Risiko und geringerem Zeit- und Energieaufwand Nachkommen hervorzubringen, die ihrerseits diese Eigenschaften wieder besitzen und weitervererben, ist beim Ausbreiten seiner Erbanlagen bevorteilt. Die Ausbreitung vorteilhafter Gene im Genpool wird durch positives *Feedback* schnell verstärkt. Dabei stehen für diesen an den Generationenwechsel gebundenen Prozeß große Zeiträume zur Verfügung.

Wie bereits erwähnt, ergeben sich evolutive Anpassungs- oder Überlebensvorteile nicht nur aus der Struktur eines Lebewesens, sondern auch aus dem Gebrauch dieser Struktur, also dem Verhalten, das seinerseits die Vorkommenshäufigkeit jener Gene beeinflußt, die der betreffenden Struktur zugrunde liegen. Die Tierzucht macht schon recht lange von der Möglichkeit Gebrauch, die genetische Verhaltensdisposition eines Organismus durch gezielte Verhaltensselektion zu manipulieren. In Spanien werden besonders angriffslustige Stiere für Stierkämpfe weitergezüchtet. Ähnliches gilt für Kampfhähne oder siamesische Kampffische. Wissenschaftliche Selektionsexperimente erfolgten in größerem Ausmaße mit Ratten und Mäusen. Giorgio Bignami hat 1965 Ratten *(Rattus norvegicus)* nach ihren Verhaltensleistungen, die sie in einem Vermeidungstest erbringen, ausgewählt und weitergezüchtet. Die Tiere mußten beim Aufleuchten einer Lampe in die andere Hälfte einer zweigeteilten Kammer überwechseln, um einem elektrischen Schlag zu entrinnen. Schon in den ersten fünf Generationen des Selektionsexperimentes zeigten die unter ständiger Neuselektion weitergezüchteten Stämme einen statistisch gesicherten Unterschied in ihrer Fähigkeit, diese Vermeidungsaufgabe zu lernen. Beide Stämme unterschieden sich dabei auch in anderen Verhaltensaspekten. Dies zeigt, daß Selektion aufgrund einer bestimmten Leistung auch Nebenprodukte hervorbringt, die nicht direkt ausgewählt werden, sich aber unter anderen Bedingungen auswirken können. So waren die schlechten Vermeidungslerner nicht einfach weniger ›intelligente‹ Ratten; in anderen Lernsituationen waren sie den guten Vermeidungslernern überlegen (Dütsch und Bättig 1977; Zeier, Bättig und Driscoll 1978).

Lebewesen müssen genetisch veränderbar sein, da sich, wenigstens über große Zeiträume betrachtet, auch die Umwelt laufend ändert. Aufgabe der Evolution ist es, die Lebensformen den jeweiligen ökologischen Gegebenheiten anzupassen. Ihre Kreativität liegt in der laufenden Neuschöpfung modifizierter Lebewesen, von denen die geeignetsten überleben. Je größer die innerhalb einer Art vorkommende Variabilität ist, desto größer sind die Auswahlmöglichkeiten und somit die Überlebenschancen der ganzen Art. Die durch die natürliche Selektion bewirkte Evolution und Anpassung können erstaunliche Fortschritte herbeiführen, sind aber nicht mit Fortschritt schlechthin gleichzusetzen. Diese Prozesse bestehen nur aus der kompetitiven Ausnutzung eines momentanen Systemzustandes und beinhalten keine in die Zukunft gerichteten Überlegungen; sie können auch in Sackgassen führen. Von den etwa 2 Milliarden Arten, die seit der Entstehung der Lebewesen erschienen, sind heute mindestens 99,9 Prozent ausgestorben.

Wie relativ und systemabhängig evolutive Anpassungen sind, läßt sich auch an theoretischen Beispielen erhellen, die die Auswirkungen von hypothetischen Genwirkungen beschreiben (Lewontin 1978). Nehmen wir an, in einer durch das vorhandene Nahrungsangebot auf hundert Mitglieder beschränkten Population trete ein neues Gen auf, das die Fruchtbarkeit seiner Träger verdoppelt. Dieses Gen würde sich in der Population ausbreiten, bis es alle Individuen besitzen. Die Mitglieder der Population wären quasi gezwungen mitzumachen, egal ob es dem Gesamtsystem mehr Vor- oder Nachteile bringt. Die Populationsgröße bliebe dabei unverändert, denn das Nahrungsangebot hat sich nicht verändert. In jeder Generation müßten jetzt aber mehr Jungtiere eliminiert werden, damit nie mehr als einhundert erwachsene Individuen vorhanden sind. Die größere Auswahlmöglichkeit könnte künftige Evolutionsprozesse fördern, andererseits aber auch Nachteile mit sich bringen, wenn etwa die nun im Überfluß vorhandenen Jungtiere eine Raubtierart auf eine günstige Nahrungsquelle aufmerksam machten oder die Ausbreitung von Infektionen begünstigten. Ein anderes Gen wiederum könnte den Wirkungsgrad der Nahrungsverwertung verdoppeln. Auch dieses Gen würde sich in der Population ausbreiten und es ihr ermöglichen, auf den doppelten Bestand anzuwachsen. Die größere Populationsdichte könnte vorteilhaft sein und somit einen Fortschritt bedeuten; aber auch Nachteile wären denkbar. Ein weiteres Gen könnte ein bisher giftiges Nahrungsmittel erschließen, indem es ein neues Enzym bringt, das das Gift beispielsweise in ein unlösliches Pigment umformt und dadurch unschädlich macht. Auch dieses Gen würde sich ausbreiten, und die Populationsgröße nähme weiter zu. Das Pigment wäre dabei ein Nebenprodukt, das den weiteren Evolutionsverlauf vielleicht erst dann beeinflußt, wenn etwa durch eine klimatische Veränderung die durchschnittliche Besonnungszeit sich änderte.

Einmal entstandene Anpassungen bleiben in der Regel auch unter veränderten Lebensbedingungen erhalten, es sei denn, sie wären in der neuen Situation derart unzweckmäßig, daß sie sich lebensbedrohend auswirken. Anpassungen dienen wiederum als Ausgangsmaterial für neue Entwicklungen, denn die Evolution baut immer auf Bestehendem auf. Alle jeweils vorhandenen Strukturen werden meist zu irgend etwas gebraucht, häufig bestehen mehrere Verwendungszwecke. Dabei können evolutive Errungenschaften wie auch deren Nebenprodukte Funktionen übernehmen, für die sie ursprünglich gar nicht vorgesehen waren. So verwendet der Seelöwe seine Flossen zur mühsamen Fortbewegung an Land nicht deshalb, weil sie dafür entwickelt worden wären, sondern weil ihm kein besseres Instrument zur Verfügung steht.

In einem mit Eigendynamik ausgestatteten System ermöglicht die strikte Auswahl der jeweils erfolgreichsten Lebensformen Entwicklungen, die erst im nachhinein als zielgerichtet und logisch erscheinen, sich im voraus aber, wenigstens mit menschlicher Intelligenz, nicht überblicken lassen. Dawkins hat 1976 an einem anschaulichen Beispiel aufgezeigt, wie sture Selektion auf einer unteren Ebene nachträglich den Eindruck erwecken kann, die Selektion sei auf einem höheren Niveau vorgenommen worden. Er beschreibt die Situation eines Trainers, der eine ideale Rudermannschaft für ein Achterrennboot aus einem größeren Angebot von Bewerbern zusammenstellen muß. Der Trainer könnte dabei so vorgehen, daß er mehrere Mannschaften aufstellt und diese gegeneinander antreten läßt. Wenn er nun die Bewerber in zufälliger Weise sowohl zwischen den Mannschaften als auch den einzelnen Ruderpositionen im Boot umherschiebt und mit den derart veränderten Mannschaften ständig neue Ausscheidungsrennen durchführt, so erweist sich, daß in den Siegerbooten häufig dieselben Männer anzutreffen sind. Selbstverständlich kann auch der beste Ruderer gelegentlich im letztplazierten Boot sitzen, wenn entweder seine Kameraden besonders schlecht sind oder er Pech hatte, weil beispielsweise ein ungeschicktes Mannschaftsmitglied das Zusammenspiel schwerwiegend störte. Im Durchschnitt aber erzielen die besten Ruderer die meisten Siegespunkte, die schlechtesten die wenigsten. Der Trainer kann schließlich für jede Ruderposition denjenigen Mann auswählen, der auf dieser Position im Gesamtdurchschnitt am erfolgreichsten war. Da die verschiedensten Faktoren die ideale Mannschaftszusammenstellung bestimmen, wie etwa die Fähigkeit, sich anzupassen und mit einer Mannschaft zusammenzuarbeiten, erscheint die aufgrund eines einfachen Erfolgskriteriums schließlich selektionierte Mannschaft nach viel komplexeren Kriterien zusammengesetzt. Wenn beispielsweise die Händigkeit eine wichtige Rolle spielte, indem die theoretisch optimale Mannschaftszusammensetzung aus vier Rechtshändern für die linksseitigen und vier Linkshändern für die rechtsseitigen Ruder bestehen müßte, so wären die wenigen Linkshänder, die unter den Bewerbern zu erwarten sind, tendenziell im Vorteil. Die Mannschaften mit einem oder mehreren Linkshändern an den rechtsseitigen Rudern hätten größere Gewinnchancen, und die nach dem Rennerfolg selektionierte ideale Rudermannschaft wäre dann so zusammengesetzt, als ob der Trainer bewußt vier Links- und vier Rechtshänder ausgewählt hätte. Wäre andererseits zur optimalen Verständigung unter den Mannschaftsmitgliedern verbale Kommunikation erforderlich, so hätten fremdsprachige Minderheiten, die weniger als acht Bewerber umfassen, von vornherein keine Chance. Sie würden ausscheiden, nicht weil sie schlechte Ruderer sind, sondern weil sie eine Minderheit darstellen. Nach dem Selektionsergebnis könnte man dann vermuten, die sprachlichen Minderheiten seien ›bewußt‹ diskriminiert worden.

Selbstverständlich ginge ein Trainer nie derart stur vor; er würde aufgrund seiner Erfahrung die wichtigen Faktoren erkennen und mit einem intelligenteren und kürzeren Ausscheidungsverfahren die ideale Mannschaftszusammenstellung herausfinden. Die Strategie, alle Möglichkeiten blindlings auszuprobieren, wird aber bei Computersimulationsverfahren erfolgreich angewendet. Der Computer kann sich diese für menschliche Begriffe unintelligente Strategie leisten, da er sehr schnell arbeitet. Er ist sogar in der Lage, damit komplexe Intelligenzleistungen zustande zu bringen, die das Leistungsvermögen des menschlichen Gehirns bei weitem übersteigen.

Ähnlich wie der sture Rudertrainer oder der Computer geht auch die biologische Evolution vor. Für sie ist die Probierstrategie sinnvoll, weil ihr enorme Zeiträume zur Verfügung stehen. Durch eine nach Entfaltung strebende Eigendynamik des Organismus sowie durch die Selektion der jeweils am besten an die Umwelt angepaßten Lebensformen erhält das System ›Leben‹ Entwicklungsmöglichkeiten, die der menschliche Geist nicht überblicken kann. Das größte Rätsel für die Kosmologie ist somit nicht nur die Frage nach dem Ursprung, sondern auch nach der Zukunft des Universums und den kreativen Schöpfungen, die es noch hervorzubringen vermag. Warum, um mit Hans Küng zu sprechen, gibt es überhaupt etwas anstelle von nichts, wohin führt uns die gegenwärtige Wirklichkeit und was ist der letzte Grund und Sinn alles Seienden? Diese Grundfragen wurden durch die moderne Wissenschaft tabuisiert, weil sich der Mensch davor fürchtet, hinter der Naturerkenntnis nur Sinnlosigkeit und Leere vorzufinden. Wissenschaft und Sinnfrage müssen einander aber nicht ausschließen. Vielmehr können wir, was auch dieses Buch aufzuzeigen versucht, nur durch Wissenschaft und nicht gegen die Wissenschaft einen Sinn in unserem Dasein erkennen.

Es gibt allgemeine Gesetzmäßigkeiten, die auf jegliche Form von Evolution zutreffen, egal ob es sich um die Bildung der Materie, die biologische Entstehungsgeschichte der Lebewesen, die geistige Entwicklung des einzelnen Menschen oder die kulturelle Evolution der ganzen Menschheit handelt. Neue, mit der aktuellen Situation besser fertig werdende Varianten verdrängen sowohl auf der materiellen und biologischen als auch auf der geistigen Stufe ständig jene alten Formen, die verbesserungsfähig und somit überholt sind. Die neuen Lösungen werden in kleinen Teilschritten, durch Abändern und Erweitern des Bestehenden, erreicht. Dabei gewinnt die aktive Anpassung mit höherer Stufe zunehmend an Bedeutung, und parallel dazu nimmt auch das Wandlungstempo zu. Wie bereits dargelegt, können wir den Verlauf dieser evolutiven Vorgänge nie genau voraussagen. Es ist aber möglich, sie im nachhinein systemtheoretisch zu erklären und die Rahmenbedingungen anzugeben, unter denen sich Entwicklungsprozesse am besten kreativ entfalten können. Mit derartigen systemtheoretischen Überlegungen beschäftigen wir uns im nächsten Abschnitt.

Ordnung durch Fluktuation

Der Gleichgewichtszustand, in dem sich Wirkungen und Gegenwirkungen aufheben, gilt überall als ein erstrebenswerter Zustand. Er stellt die ideale Situation geschlossener Systeme dar, denn solche Systeme können sich nur auf einen Gleichgewichtszustand hin entwickeln. Eine Kugel etwa, die in einer Talsohle liegt, befindet sich in einem stabilen Gleichgewicht. Jede Störung, die auf die Kugel einwirkt, wird korrigiert, die Kugel kehrt automatisch wieder in ihre Ausgangslage zurück. Sitzt die Kugel dagegen auf einer Bergspitze, so handelt es sich um ein labiles Gleichgewicht, denn jede Störung wird durch die potentielle Energie der Kugel noch verstärkt. Im indifferenten Gleichgewicht schließlich treten weder rückstellende noch weiter ablenkende Kräfte auf. Dies wäre der Fall, wenn sich unsere Kugel auf einer horizontalen Ebene befände, denn bei einem Stoß würde sie wegrollen und nach einiger Zeit an einer anderen Stelle wieder stehenbleiben.

Nun spielt auch für die Lebensvorgänge das Gleichgewicht eine wichtige Rolle. Säugetiere beispielsweise verfügen über ausgeklügelte Regulationsmechanismen, um ihr inneres Milieu, etwa die Konzentration von Sauerstoff und Zukker im Blut, konstant zu halten. Bei genauerer Betrachtung wird jedoch erkennbar, daß im Gegensatz zu physikalischen Systemen in keinem physiologischen System ein statisches Gleichgewicht herrscht, sondern stets ein dynamisches. Es erfolgt ein fortwährender Stoffaustausch mit der Umwelt, wobei immer gewisse Schwankungen um einen ›Sollwert‹ bestehen. Dieser ›Sollwert‹ kann sich allerdings auch noch verschieben, zum Beispiel als Folge von Wachstums- oder Alterungsprozessen, er braucht also nicht konstant zu bleiben.

Wie Ludwig von Bertalanffy 1942 und 1949 betonte, sind Lebewesen offene Systeme, da sie ständig Energie und Materie mit ihrer Umwelt austauschen. Eine Pflanze nimmt Sonnenenergie und Kohlendioxyd aus der Luft sowie Wasser und Nährstoffe aus dem Boden auf, benutzt sie unter Energieverbrauch für die eigenen lebensnotwendigen Stoffwechselprozesse und gibt als Abfallprodukt Sauerstoff an die Luft ab. Die aus der Umgebung aufgenommene Energie und Materie wird also umgesetzt und in veränderter Form oder Zusammensetzung wieder an die Umwelt abgegeben. Lebende Systeme befinden sich also in einem vom wahren Gleichgewicht entfernten Zustand, den von Bertalanffy als Fließgleichgewicht bezeichnet. Dies gilt nicht nur für den Organismus als Ganzes, sondern auch für seine einzelnen Organe, Gewebe und Zellen, vermutlich auch für die Chromosomen. Um ein derartiges dynamisches Gleichgewicht überhaupt aufrechtzuerhalten, müssen Lebewesen arbeitsfähig sein und vorhandene Energiepotentiale nutzen können. Sie verhalten sich deshalb nicht nur reaktiv, sondern vor allem auch aktiv. Diese Eigenaktivität bewirkt die generellen Eigenschaften des Phänomens Leben, wie Ordnung, Interaktion, Differenzierung, Selbsterhaltung und progressive Weiterentwicklung.

Dank der Möglichkeit, Energie und Materie mit der Umwelt auszutauschen, sind Lebewesen in der Lage, auch Ungleichgewichte und Instabilitäten zu bewältigen. Ungleichgewichtssysteme haben gegenüber Gleichgewichtssystemen den Vorteil, daß sie sprunghafte Entwicklungsvorgänge zulassen. Auch kann ein Ungleichgewichtssystem unter Umständen beständiger sein als ein Gleichgewichtssystem. Ein System ist nämlich um so störungsanfälliger, je näher am Gleichgewichtszustand es sich befindet; irgendeine zufällig auftretende Störung kann ein solches System, falls die Störung nicht mehr unterdrückbar ist, zerstören. Ein dynamischer Entwicklungsvorgang ist meist weniger störungsanfällig als ein dauernder Balanceakt. Dies trifft auch für die geistige und kulturelle Entwicklung des Menschen zu, wo Stillstand Rückschritt bedeuten kann.

Für geschlossene Systeme, wie auch für sich in der Nähe eines Gleichgewichts bewegende offene Systeme, gilt das thermodynamische Ordnungsprinzip. Dieses Prinzip besagt, daß irreversible Veränderungen zur Zerstörung von Strukturen führen, d.h. der Grad der Ungeordnetheit – die Entropie – kann in solchen Systemen nur zu-, jedoch nie abnehmen. Funktionierte die Welt wie eine stationär arbeitende Maschine, müßte sich die ›Disorganisation‹ ständig vergrößern: Es käme zum vollständigen Temperaturausgleich; der sogenannte Wärme- bzw. Kältetod wäre unvermeidlich. Biologische und kulturelle Evolution sind aber gerade dadurch gekennzeichnet, daß sie zunehmende Komplexität und Geordnetheit zur Folge haben. Wie wir am Beispiel von Gensubstanz und Verhalten gezeigt haben, können sich strukturelle und funktionelle Veränderungen durch positives *Feedback* so lange verstärken, bis plötzlich etwas qualitativ Neues auftritt, das mit einer veränderten inneren Organisation und völlig neuen Umweltintegration des betreffenden Organismus verbunden ist. Solche Prozesse der Selbstorganisation und Selbsttranszendenz lassen sich aber durch mechanische oder thermodynamische Modelle nicht erklären.

Viel geeigneter für die Beschreibung von Selbstorganisationsprozessen erscheint die von dem Physiker Ilya Prigogine und seiner Brüsseler Schule entwickelte und an physikalischen und chemischen nichtlinearen Ungleichgewichtsstrukturen experimentell bestätigte Theorie dissipativer Strukturen (Prigogine 1976; Nicolis, Prigogine 1977). Diese bereits von verschiedenen Autoren (Eigen 1971; Jantsch 1975, 1979; Eigen und Schuster 1979) auf das evolutive Geschehen angewendete Theorie beschreibt, wie in offenen Systemen, die über eine ausreichende Veränderungsrate verfügen, unter gewissen Umweltbedingungen makroskopische Ordnungen entstehen und sich als offene dynamische Systeme weiterentwickeln. Kommt eine neue Substanz oder Struktur – beispielsweise ein neues Gen – in ein System, so kann ihre Konzentration entweder abnehmen, das System kehrt in seinen ursprünglichen Zustand zurück, oder zunehmen. Das letztere ist der Fall, wenn der neuen Struktur im System eine wesentliche Funktion zukommt, wodurch sich ihre Ausbreitung lawinenartig vergrößert, bis eine Instabilitätsschwelle überschritten wird und es zu einem neuen dynamischen Regime, das heißt einer neuen Raum-Zeit-Struktur mit einem höheren Interaktionsniveau zwischen System und Umwelt kommt (Abb. 2). Dieser Prozeß erzeugt qualitative Veränderungen und führt von einem stationären Zustand zu einer neuen Geordnetheit mit größerer Komplexität.

Das diesem Vorgang zugrundeliegende Prinzip wurde von Prigogine als »Ordnung durch Fluktuation« bezeichnet. Erforderlich dazu ist 1. eine z.B. durch Zufall bestimmte Fluktuation, etwa eine genetische oder kulturelle Veränderung, 2. ein ständiger Austausch von Energie und Materie mit der Umwelt (Dissipation) und 3. ein autokatalytischer Prozeß, der die Fluktuation durch positives *Feedback* nichtlinear

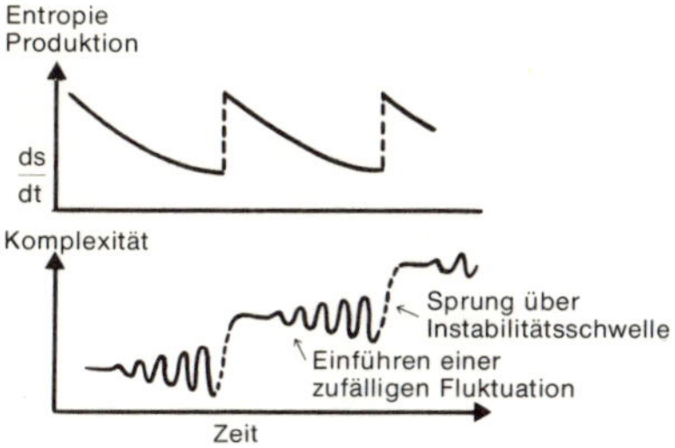

Abb. 2: Ordnung durch Fluktuation: Das Einführen einer zufälligen Fluktuation in ein Ungleichgewichtssystem kann dieses zum Sprung über eine Instabilitätsschwelle zwingen. Dieser Prozeß erzeugt qualitative Veränderungen und führt von einem stationären Zustand in einen neuen mit größerer Komplexität und Geordnetheit. Die Entropie des Systems wird dabei reduziert, und die Entropieproduktion ist nach erfolgtem Sprung zunächst groß und nimmt dann sukzessive ab (nach Jantsch 1975).

(z.B. exponentiell) verstärkt, bis eine Instabilitätsschwelle erreicht wird. Während und nach erfolgtem Sprung über die Instabilitätsschwelle ist die systeminterne Entropieproduktion (Erzeugung von Ungeordnetheit) zunächst groß (vermutlich um ein genügendes Angebot an Varianten für künftige Entwicklungen zu erzeugen), nimmt aber dann wieder ab. Das System kann sich diese Entropieproduktion leisten, denn durch den Übergang zu einem neuen dynamischen Regime wird eine höhere Ordnung und größere Komplexität erreicht bzw. die Gesamtentropie wird im System durch Austausch von Energie und Materie mit der Umwelt reduziert.

Dissipative Strukturen, Ungleichgewichte und sprunghafte Veränderungen sind in der Natur auf verschiedenen Stufen anzutreffen. Auf mikroskopischer Ebene wäre etwa die erregbare Membran der Nervenzelle, die wir im Kapitel »Biologische Evolution« noch behandeln werden, zu erwähnen. Im Ruhezustand wird durch einen aktiven, energiekonsumierenden Prozeß eine ungleiche Verteilung von elektrisch geladenen Teilchen (Ionen) aufrechterhalten, was eine Polarisierung der Zellmembran zur Folge hat. Diese ist außen positiv und innen negativ geladen. Wenn sich das elektrische Membranpotential durch Einwirkung von Neurotransmittern reduziert, so kann eine Instabilitätsschwelle erreicht werden, an der das System umkippt: Natriumionen stürzen lawinenartig ins Zellinnere, eine entsprechende Menge von Kaliumionen verläßt sie. Die Folge davon ist eine Depolarisation der Zellmembran. Diese Depolarisation breitet sich der Nervenfaser entlang aus, ähnlich wie aufrecht hintereinander gestellte Dominosteine nacheinander umfallen, wenn man den ersten einer langen Reihe derartiger Steine umwirft. Die Umpolung wird aber an jeder Stelle sofort wieder rückgängig gemacht; die betreffende Membran ist für eine nächste Depolarisation bereit. Diese Instabilität kann so zu aufeinanderfolgenden Depolarisationen führen, die als sogenannte Nervenimpulse Information übermitteln.

Auf makroskopischer Ebene gibt es in der Hirnrinde Aktivitätsungleichgewichte zwischen ganzen Populationen von Nervenzellen. Diese Aktivitätsunterschiede heben sich vom Hintergrundrauschen der Nervenzellen ab und besorgen die Impulsübertragung zwischen den strukturellen und funktionellen Grundeinheiten der Hirnrinde, die durch senkrecht zur Hirnoberfläche stehende Säulen gebildet und als Module bezeichnet werden. Diese Impulsübertragung äußert sich in entsprechenden Mustern im Elektroenzephalogramm (EEG).

Aus dem geistigen Bereich können als Beispiel für dissipative Strukturen die Abbilder oder Schemata angeführt werden, mit denen wir unsere Sinneswelt erfassen. Nach Jean Piaget ordnen wir alle unsere Umwelteindrücke in vorhandene Schemata ein. Ist aber eine solche Assimilation unmöglich, weil die neue Erfahrung mit einem bisherigen Schema unvereinbar ist, so kann diese dissipative Struktur über eine Instabilitätsschwelle getrieben werden. Es entsteht ein neues Modell von der betreffenden Situation, und in dieses Assimilationsschema passen dann sowohl die entsprechenden früheren als auch die gegenwärtigen Erfahrungen. Ungleichgewichte und sprunghafte Veränderungen kennzeichnen schließlich den gesamten psychischen Bereich, denn ohne motivierende Spannungen und originelle Gedankenblitze wäre eine erfolgreiche geistige Betätigung gar nicht denkbar.

Dissipative Strukturen können nur in Symbiose mit der Umwelt existieren. Sie bringen dem betreffenden System stets auch Risiken, ihrem Gestaltungsvermögen sind Grenzen gesetzt. Fluktuationen, ihre lawinenartige Verstärkung sowie Stoff- und Energieaustausch mit der Umwelt sind zwar einerseits notwendig, damit sich evolutive Systeme erhalten und weiterentwickeln können, andererseits dürfen diese Prozesse aber nicht so groß sein, daß sie die Symbiose gefährden. Es bedarf also nicht deren Maximierung, sondern deren Optimierung. Aus der Theorie dissipativer Strukturen läßt sich schließlich ableiten, daß evolutive Prozesse nur in offenen, pluralistischen Systemen stattfinden können. Austauschprozesse mit anderen Systemen und eine ausreichende systeminterne Variabilität und Veränderungsrate sind Grundvoraussetzung für jegliche Form von Evolution; ihr Ausmaß darf aber nicht derart überborden, daß sie die Existenz des betreffenden Systems gefährden.

Unter dem Aspekt der möglichen Selbstorganisation und Selbsttranszendenz komplexer Systeme ist die Entstehung des Lebens nicht mehr als unwahrscheinlicher Zufall und somit als sinnloser Überbau eines mechanischen und thermodynamischen Geschehens aufzufassen, wie es im Lichte einer reduktionistischen Betrachtungsweise erscheinen mag. Mikroskopischer Zufall, d.h. genetische Mutation oder Neukombination und makroskopische Notwendigkeit, d.h. durch Selektion erzwungene Anpassung, sind nicht, wie Jacques MONOD meint, bloß aufeinanderfolgende, sondern sich gegenseitig sinnvoll ergänzende Aspekte ein und desselben Vorgangs. Leben ist nicht nur Sein im Sinne von Überleben, Anpassung und Homöostase, sondern auch Werden mit Wagnis, Unsicherheit, Selbstverwirklichung und Selbsttranszendenz. Anstelle eines sterilen Reduktionismus oder vagen Antireduktionismus sollte deshalb eine kohärente, simultane Betrachtung der mechanischen, thermodynamischen und evolutiv-dynamischen Ebene treten, wobei sich jeder Ebene ihr umschriebener Bereich zuordnen läßt.

In menschlichen Systemen sind die materielle, biologische, soziale und geistige Systemdynamik jeweils gleichzeitig, voneinander untrennbar und hierarchisch geordnet am Werk. Ob an der Spitze dieser Hierarchie eine übernatürliche Kraft steht, die dem Leben einen tieferen und übernatürlichen Sinn verleiht, oder ein Punkt Omega, wohin alles strebt, wie Pierre TEILHARD DE CHARDIN es 1955 formulierte, ist eine philosophisch-theologische Frage, die sich nicht endgültig beantworten läßt. Wie Hans KÜNG 1974 darlegte, kann nämlich weder die Existenz noch die Nichtexistenz Gottes wissenschaftlich bewiesen werden. Die geistige Verarbeitung wissenschaftlicher Erkenntnisse kann helfen, zu einer religiösen Überzeugung zu gelangen; jede auf Wissen beruhende Weltanschauung stellt bereits eine Art Religion dar. Wissenschaft aber kann uns den geistigen Reifungsprozeß, den jeder selbst vollziehen muß, nicht abnehmen oder gar ersetzen. Religion beinhaltet nicht die Annahme von dem, was wir noch nicht wissen, sondern die uns das lebensnotwendige Urvertrauen vermittelnde Annahme von dem, was wir nie mit Sicherheit wissen können. So steht auch die Evolutionstheorie nicht – was früher angenommen wurde – im Widerspruch zu einem Glauben an einen Schöpfungsakt, durch den das Universum als dynamisches System entstand. Ein dynamisches System vermag evolutive Entwicklungen in Gang zu setzen, und Evolution wiederum kann – wie die Entstehungsgeschichte der Lebewesen zeigt – äußerst schöpferisch sein.

Der faszinierende Aspekt jeglicher Form von Evolution liegt in ihrer Eigendynamik. Im biologischen Bereich beinhaltet die ständige Steigerung der Leistungskapazität und das Streben nach höheren Organisationszuständen, das von George SIMPSON 1944 als »Quantumevolution« und von Bernhard RENSCH 1947 als »Anagenese« bezeichnet wurde, mehr als nur die Folgen der natürlichen Selektion. Jedes Lebewesen setzt sich auf eigene Weise mit seiner speziesspezifischen Umwelt auseinander. Bestände der Sinn von Lebewesen nur darin, sich möglichst stark zu vermehren, so wäre kaum zu verstehen, warum die Evolution je über so erfolgreiche Lebensformen wie das Bakterium oder die Ratte hinausführte. Erst die Eigendynamik gibt der Evolution eine gewisse Zielgerichtetheit, die sich mit der eines Schachspiels vergleichen läßt, wo jeder Spieler seinen Gegenspieler mattzusetzen versucht, aber weder der genaue Endzustand noch das Einhalten eines festgelegten Weges vorgeschrieben ist. Ludwig von BERTALAFFY bringt diese Grundeigenschaft des Lebendigen sehr poetisch zum Ausdruck, wenn er schreibt:

»So erscheint uns auch die Evolution des Lebens als mehr denn ein durch Vorteil gerichtetes Produkt des Zufalls. Sie scheint ein Füllhorn der *évolution créatrice,* ein Drama voll Spannung, Dynamik und tragischen Verwicklungen. Mühevoll ringt sich das Leben zu immer höheren Stufen empor, für jeden Schritt zugleich zahlend. Es wird vom Einzeller zum Vielzeller und setzt damit den Tod in die Welt. Es geht zu Stufen feinerer Differenzierung und Zentralisierung über und erkauft dies durch Verlust der ursprünglichen Regulationsfähigkeit. Es erfindet ein hochentwickeltes Nervensystem und damit zugleich den Schmerz. Es setzt den urtümlichen Teilen dieses Nervensystems ein Hirn mit Tagesbewußtsein auf, das durch seine Symbolwelt Voraussicht und Beherrschung der Zukunft gewährt, und muß dafür die dem Tier fehlende Angst vor dem Kommenden eintauschen, vielleicht diese Entwicklung mit Selbstvernichtung bezahlen. Der Sinn dieses Schauspiels ist uns nicht bekannt, sei es nicht jener, den die Mystiker die Selbstbewußtwerdung Gottes nannten« (1949, 106).

BIOLOGISCHE VERHALTENSREGULATION

Das Verhalten von Lebewesen ist nicht nur eine wichtige Antriebskraft für ihre individuelle und stammesgeschichtliche Entfaltung, es ist stets auch eine Folge davon. Bei höheren Organismen wie den Wirbeltieren bewirkt die in den Genen gespeicherte Information den Bau eines Gehirns. Dieses zentrale Steuerungsorgan ist mit Verhaltensprogrammen bestückt, die zum Teil angeboren, zum Teil erworben sind. Angeborene Programme sind durch die Gene festgelegt, die erworbenen enthalten zusätzliche Information, die ihr Besitzer im Verlaufe seines Lebens aufgenommen hat. Die erworbenen Programme, von Ernst MAYR (1974) als offene Programme bezeichnet, können komplexere Verhaltensabläufe steuern und sind flexibler als die starr ablaufenden, angeborenen Programme. Wir können aber keines der Verhaltensprogramme direkt sehen, wir müssen sie aufgrund von beobachtbarem Verhalten indirekt erschließen. Verhaltensweisen stellen – ebenso wie körperliche Merkmale – Phänotypen dar, bei denen die Umweltbedingungen des betreffenden Individuums eine noch komplexere Rolle spielen als bei der Ausbildung körperlicher Merkmale.

Biologische Vorteile lassen sich sowohl mit starren wie flexiblen Programmen erzielen; die von der Natur jeweils gewählte Lösung ist den Lebensbedingungen und dem Informationsverarbeitungsvermögen des betreffenden Organismus angepaßt. Angeborene und erworbene Verhaltensprogramme stellen nicht, wie früher angenommen wurde, gegensätzliche, sondern einander sinnvoll ergänzende Verhaltensursachen dar. Eine genetische Komponente steckt in beiden Arten von Programmen, wobei, analog zum Computer, ein flexibles Programm mehr vorgegebene Information enthalten muß als ein starr ablaufendes Programm. Genetisch bedingte Eigenschaften finden sich auch im menschlichen Verhalten. Durch seine geistigen Fähigkeiten kann aber der Mensch sein Verhalten flexibler und unabhängiger gestalten, als dies bei Tieren der Fall ist.

Die evolutionsstabile Verhaltensstrategie

Ähnlich wie sich ein vorteilhaftes Gen über sehr große Zeiträume hinweg im Genpool halten kann, bleiben auch genetisch fixierte Verhaltensneigungen und Verhaltensstrategien unverändert erhalten, solange sie sinnvoll sind. Aus dem Evolutionsprozeß gingen deshalb nicht nur nützliche Strukturen hervor, wie etwa Gehirn, Sinnesorgane oder Extremitäten, die bei verschiedenen Wirbeltieren in ähnlicher Form vorhanden sind, sondern auch allgemein verbreitete

Verhaltensweisen oder Verhaltensnormen. Kennt man die Lebensbedingungen und Verhaltensmöglichkeiten eines Organismus, so läßt sich durch Simulationsberechnungen an theoretischen Modellen nachweisen, welche Verhaltensweisen optimal und deshalb als Folge des Evolutionsprozesses zu erwarten sind. Derartigen Simulationsberechnungen liegt die durch die Verhaltensbiologie bestätigte Annahme zugrunde, daß Lebewesen jeweils den ökonomischsten von mehreren verfügbaren Wegen zur Ausbreitung ihrer Gene beschreiten. Die Evolution entwikkelte ein Ökonomie- oder Optimierungsprinzip; Aufwand und Ertrag beziehungsweise Kosten und Nutzen werden miteinander verrechnet. Dieses Prinzip äußert sich auch im menschlichen Verhalten, wobei allerdings beim Menschen eine große Vielfalt von weiteren Motiven und subjektiven Werten mit dem primären biologischen Antrieb, zu überleben und sich fortzupflanzen, zusammenwirkt.

In einem sozialen Gefüge können Individuen unterschiedliche Verhaltensstrategien einsetzen, um ihren Erfolg zu maximieren. Durch Anwendung der Spieltheorie hat John Maynard Smith 1974 gezeigt, wie soziale Interaktion zu stabilen Verhaltensstrategien führt. Als evolutionsstabile Strategien definiert Maynard Smith solche Strategien, die durch keine alternativen Strategien übertroffen werden können, wenn eine große Mehrheit der Angehörigen einer Population sich daran hält. Das Konzept der evolutionsstabilen Verhaltensstrategien verdeutlicht, daß der Erfolg, den ein Individuum in einem Sozialsystem erringen kann, vom Verhalten abhängt, das die übrigen Angehörigen dieses Systems zeigen. Maßgebend sind also die jeweilige Zusammensetzung des Systems und die darin eingehaltenen Spielregeln, in ähnlicher Weise wie der Erfolg eines Gens von seinem genetischen Hintergrund abhängt, also von der Tätigkeit der ›Teamkameraden‹, die mit ihm die Erbmasse seines Trägers bilden.

Anhand einiger Beispiele aus verschiedenen Bereichen sozialer Beziehungen wollen wir zeigen, wie durch individuelle Gewinnmaximierung evolutionsstabile Verhaltensstrategien entstehen können. Diese erscheinen uns als sinnvolle Anpassung an die jeweils herrschenden Bedingungen. Die Natur erreicht sie nicht durch rationale Überlegung, sondern durch bloße Auswahl der jeweils erfolgreichsten Verhaltensweisen. Diese Tatsache muß betont werden, denn wir neigen dazu, Verhaltensweisen von Tieren mit Begriffen der menschlichen Moral zu bewerten. So finden wir es einerseits brutal, wenn Tiere ihre Jungen umbringen und bestaunen andererseits etwa die Selbstlosigkeit von Bienen, Wespen und Ameisen, die bei der Nestverteidigung ihr Leben für das Überleben ihrer Schwestern und Brüder opfern. Tiere üben derartige Verhaltensweisen nicht bewußt aus; die moralische Kategorie, die aus menschlicher Sicht dahinter zu stecken scheint, spielt in der Natur keine Rolle. Egoistisch wie altruistisch aussehende Verhaltensweisen sind bei Tieren immer biologisch bedingt. Die daran beteiligten Regulationsprozesse lassen sich am besten dadurch erhellen, indem man jeweils die Frage stellt, welche Überlebensvorteile eine zu untersuchende Verhaltensweise den Genen des betreffenden Individuums bringt; allgemeiner ausgedrückt: Wie beeinflussen Verhaltensweisen die Häufigkeitsverteilung der Gene im Genpool?

Aggressives Verhalten

Als aggressiv wollen wir rein operational solche Verhaltensweisen bezeichnen, die einem Organismus Vorteile auf Kosten anderer bringen. Beispielhaft dafür ist etwa das Verhalten der Lachmöve *(Larus ridibundus)*, die in der Brutkolonie die frisch geschlüpften Küken ihrer Nachbarin raubt und verschlingt, wenn diese ihr Nest einen Moment ungeschützt läßt. Die Räuberin gelangt dadurch ohne große Mühe zu einer nahrhaften Mahlzeit. Ein ähnliches Ziel erreicht auch das Weibchen der Gottesanbeterin *(Mantis religiosa)*, wenn es das Männchen nach vollzogener Begattung auffrißt. Häufig beißt die Gottesanbeterin dem Männchen gleich zu Beginn der Paarung den Kopf ab und erhöht vermutlich dadurch die sexuelle Leistungsfähigkeit des Männchens, denn der Kopf enthält hemmende Nervenzentren; der Rest des Körpers kann auch ohne Kopf kopulieren (Roeder 1935). Dasselbe Verhalten hat bei der Mücke (*Johanseniella nitida*) allerdings eine etwas andere Funktion. Hier wird das Männchen bis auf sein Genitale aufgefressen, das als Stöpsel am Weibchen hängen bleibt und verhindert, daß noch andere Männchen dieses Weibchen befruchten können (Wilson 1975). Der Opfertod dient dem Fortpflanzungsinteresse des Männchens.

Wie schon diese Beispiele zeigen, treten aggressive Verhaltensweisen stets in spezifischen Situationen auf. Keine der verschiedenen Arten von Aggression kommt in Form eines allgemeinen Instinktes vor, wie gelegentlich noch angenommen wird. Im Verlaufe der Evolution erwarben die Lebewesen die genetische Disposition, unter gewissen Bedingungen sich aggressiv zu verhalten. Während ihrer individuellen Entwicklung lernen sie dann analog zum Evolutionsprozeß, in welchen Situationen es sich lohnt, aggressiv zu sein. Die vorprogrammierte Verhaltensdisposition wird somit durch die Erfahrung des Individuums ergänzt und verstärkt. Mit dieser Hypothese stimmt die Beobachtung überein, daß die Angriffsbereitschaft eines Stichlingmännchens *(Gasterosteus aculeatus)* drastisch sinkt, wenn es einige Wochen von erwachsenen Artgenossen isoliert wird (Heiligenberg, Kramer 1972). Es staut sich also kein spezifischer Trieb auf, der sich entladen müßte. Auch die Kulturgeschichte des Menschen zeigt, daß bei kriegerischen Völkern und in Kriegszeiten sich die Kampfsportarten und andere gesellschaftlich tolerierte aggressive Verhaltensweisen stärker entwickeln und in größerem Ausmaße praktiziert werden, als bei friedfertigen Völkern und in Friedenszeiten (Sipes 1973). Kämpferische und emotionsgeladene Wettkämpfe wirken nicht als Blitzableiter für aggressives Verhalten, sondern eher als Ansporn.

Tiere benutzen auf ihre Artgenossen ausgerichtete aggressive Verhaltensweisen als Mittel, um Kontrolle über lebensnotwendige Güter wie Futter, Schlupfwinkel, Brutplätze und Geschlechtspartner zu finden, die normalerweise nur begrenzt vorhanden sind. Ihre innerartlichen kämpferischen Auseinandersetzungen passen die Populationsgröße den vorhandenen Ressourcen an. Tierarten dagegen, die genügend Ressourcen zur Verfügung haben, weil ihre Populationsdichte beispielsweise durch Raubtiere oder Parasiten gering gehalten wird, gehen meist friedfertiger miteinander um. Große innerartliche Aggressivität finden wir deshalb in der Regel nur bei Tieren, die wenig oder gar keine natürlichen Feinde haben. Der Mensch steht dabei keineswegs an der Spitze, denn aggressive Verhaltensweisen, wie tödliche Kämpfe, Kindstötung oder Kannibalismus, kommen beispielsweise bei Hyänen, Löwen und Languren (eine in Indien lebende Affenart) viel häufiger vor als beim Menschen.

In einem komplexen System von Rivalitäten ist es nicht unbedingt von Vorteil, jeden Rivalen zu beseitigen. Dessen Tod könnte nämlich anderen Rivalen mehr Nutzen bringen als einem selber. Evolutionsstabil ist Aggression nur in dem Maße, wie die Wahrscheinlichkeit besteht, daß das Individuum davon profitiert. Tiere haben deshalb für ihre Auseinandersetzungen Rituale entwickelt, die dafür sorgen, daß tödlich wirkende Waffen nicht vollständig eingesetzt werden (Lorenz 1963, Huxley 1966). Ethologen erklären solche Verhaltensweisen meist durch den Nutzen, den sie für das Überleben der Art erbringen. Sie lassen sich aber überzeugender durch Selektion auf individuellem Niveau begründen, denn derartige Verhaltensrituale dienen in erster Linie dem Überleben der eigenen Gene des betreffenden Organismus.

Maynard Smith hat dies 1974 an einem einfachen Modell, dem sogenannten ›Falken-Tauben-Spiel‹, anschaulich aufgezeigt. Das Modell geht davon aus, in einem sozialen System einer ganz bestimmten Art seien lediglich zwei Konfliktstrategien vorhanden, die als ›Falke‹ und ›Taube‹ bezeichnet werden. Diese Namen sind lediglich symbolisch zu verstehen. Sie beziehen sich nicht auf das arttypische Verhalten der betreffenden Vögel, denn Tauben können unter Umständen recht aggressiv sein. Man nimmt nun an, daß alle Individuen eines hypothetischen Systems entweder Falken oder Tauben sind. Tauben drohen lediglich und ver-

	Falkengegner	Taubengegner	Bourgeoisgegner
Falke	½ – ½ V (– 25)	S (+ 50)	½[½S–½V] + ½S (+ 12,5)
Taube	N (0)	½ S – Z (+ 15)	½N+½[½S–Z] (+ 7,5)
Bourgeois	½[½S–½V]+½N (– 12,5)	½S+½[½S–Z] (+ 32,5)	½ S + ½ N (+ 25)

Bewertung: Sieg (S) = 50 Punkte — Ernsthafte Verletzung (V) = 100 Punkte
Niederlage (N) = 0 Punkte — Zeitverschwendung (Z) = 10 Punkte

Tab. 1: Durchschnittlicher Nettogewinn, den Falke und Taube (grau) und Falke, Taube und Bourgeois bei Auseinandersetzungen untereinander erzielen. In Klammern sind die jeweiligen Werte angegeben, die man mit der angeführten Bewertungsskala erhält (nach Maynard Smith 1964, 1978).

letzen ihre Rivalen nie. Falken dagegen kämpfen hemmungslos und geben erst auf, wenn sie ernsthaft verletzt sind. Wenn eine Taube auf einen Falken trifft, dann gibt sie sofort auf, und niemand wird verletzt. Die Taube geht in dieser Auseinandersetzung immer leer aus. Trifft sie dagegen auf eine andere Taube, dann drohen sie einander so lange, bis die eine aufgibt. Kommen schließlich zwei Falken zusammen, so kämpfen sie, bis der eine von ihnen ernsthaft verletzt oder tot ist. Tabelle 1 zeigt den durchschnittlichen Gewinn, den Taube und Falke in einer Tauben- bzw. Falkenpopulation erzielen. Bewertet man beispielsweise einen Sieg mit 50 Punkten, eine Niederlage mit 0 Punkten, und nimmt man an, eine ernsthafte Verletzung koste 100 Punkte und die durch langwieriges Drohen bewirkte Zeitverschwendung 10 Punkte, so erhält man die in der Tabelle dargestellten Werte.

Das ›Falken-Tauben-Spiel‹ zeigt, daß keine der beiden Konfliktstrategien evolutionsstabil ist. Eine reine Falkenpopulation würde aussterben, weil so lange gekämpft wird, bis nur noch ein Individuum übrigbleibt. Eine reine Taubenpopulation dagegen könnte zwar theoretisch überleben, weil

niemand verletzt wird und schließlich jedes Individuum von dem friedfertigen Verhalten profitiert. Tritt aber plötzlich in einer reinen Taubenpopulation ein durch Mutation entstandener Falke auf, so hat dieser enorme Vorteile, weil er alle Kämpfe gewinnt. Seine Gene würden sich in der Folge rasch über die gesamte Population verbreiten, bis es zu einem stabilen Verhältnis zwischen Tauben und Falken kommt. Dieses Verhältnis ist dann erreicht, wenn der Gewinn für beide, Tauben und Falken, gleich ist. Evolutionsstabil ist in diesem Falle also nur die Mischpopulation.
Eine andere Möglichkeit stellt der Erwerb einer ›Vergeltungsstrategie‹ dar. Ein so geartetes Tier würde nie zuerst angreifen, dann aber sofort zu kämpfen beginnen, wenn der Gegner unablässig zuschlägt. Diese ›Vergeltungsstrategie‹ ist ebenfalls evolutionsstabil und kommt im Tierreich auch tatsächlich vor. Als einzelne Mutation könnte sie sich unter Tauben und Falken aber nicht in gleicher Weise wie der bevorteilte Falke in der reinen Taubenpopulation ausbreiten. Vielmehr müßten mehrere Individuen mit der genetischen Disposition zur Vergeltungsstrategie vorhanden sein, um ein stabiles ›Falken-Tauben-System‹ umkrempeln zu können.
Aus der für unser Beispiel willkürlich angenommenen Punktebewertung resultiert ein stabiles System, wenn auf 5 Tauben 7 Falken kommen. Der durchschnittliche Gewinn pro Auseinandersetzung beträgt dann für die Taube

$$(5 \times 15) : 12 = 6\,{}^1/_4,$$

und für den Falken

$$[(5 \times 50) - (7 \times 25)] : 12 = 6\,{}^1/_4.$$

Dasselbe Ergebnis wird erreicht, wenn jedes Individuum einer Population in 5 von 12 Auseinandersetzungen die Taubenstrategie und in den übrigen 7 die Falkenstrategie anwendet. Der mit diesem Verhalten erzielbare Gewinn von 6 1/4 Punkten ist zwar um einiges geringer als die 15 Punkte, die eine reine Taubenpopulation ergäbe, eine Taubenverschwörung wäre somit vorteilhafter, sie kann aber nicht von Dauer sein, da sie sich, wie bereits aufgezeigt, mißbrauchen läßt. Evolutionsstabile Verhaltensstrategien entwickeln und erhalten sich nicht deshalb, weil sie für die Beteiligten besonders gut sind und für das Überleben der Art sorgen. Maßgebend ist vielmehr die Eigenschaft, Veränderungen verkraften zu können, also auch gegen Verrat von innen immun zu sein.

Auseinandersetzungen im Tierreich sind nun aber meist asymmetrisch, da sich in der Regel die Kontrahenten entweder in ihrer Kampfstärke unterscheiden oder das Kampfobjekt für sie von unterschiedlicher Bedeutung ist. So steht für den Besitzer und Verteidiger eines Territoriums mehr auf dem Spiel als für den Eindringling. Eine derartige Situation hat Maynard Smith 1978 in einem erweiterten Modell dargestellt. Als dritter Verhaltenstyp wurde dabei der ›Bourgeois‹ eingeführt, der die Falkenstrategie anwendet, wenn er Territoriumsbesitzer ist, die Taubenstrategie, wenn er sich in der Situation eines Eindringlings befindet. Weiter wird angenommen, jede Auseinandersetzung finde zwischen einem Besitzer und einem Eindringling statt, wobei die einzelnen Individuen der Population mit gleicher Häufigkeit Besitzer und Eindringling sind und ihnen ihre jeweilige Rolle bekannt ist. Die sich dabei ergebenden Gewinne sind in Tabelle 1 aufgeführt. Es erweist sich, daß in diesem Spiel die ›Bourgeois-Strategie‹ die einzige evolutionsstabile Strategie ist. Jede aus den drei Verhaltenstypen zusammengesetzte Mischpopulation, in der die ›Bourgeoistypen‹ nicht eine verschwindende Minderheit bilden, wird sich auf die Dauer zu einer ›Bourgeois-Population‹ entwickeln. Ein einzelner Bourgeois aber hätte in einer Mischpopulation von Tauben und Falken keinen Überlebensvorteil, denn er würde früher oder später durch einen Falken eliminiert. Er müßte sich außerhalb der Tauben-Falken-Mischpopulation vermehren und dann als Gruppe in dieses System eindringen, um es verändern zu können.

Das ›Falken-Tauben-Bourgeois-Spiel‹ zeigt, daß Besitz als Kriterium benutzt werden kann, um Auseinandersetzungen zu regeln. Wie Verhaltensbeobachtungen zeigen, gibt es Fälle im Tierreich, wo diese Möglichkeit verwendet wird. Als eindrucksvolles Beispiel sei hier ein Experiment er-

wähnt, das Hans KUMMER und seine Mitarbeiter mit freilebenden äthiopischen Mantelpavianen *(Papio hamadryas)* durchführten (Kummer u.a. 1974). Bei dieser Tierart gehen die Männchen eine feste Dauerbeziehung mit einem oder mehreren Weibchen ein; der Weibchenbesitz wird gegenseitig respektiert. Im Experiment hatte nun jeweils ein Mantelpavianmännchen 15 Minuten von einem Käfig aus einem Herdengenossen und dessen neuem Weibchen zuzuschauen, bevor er zu ihnen hereingelassen wurde. Obwohl der Besitzer das Weibchen erst 15 Minuten kannte, versuchte der Zuschauer nicht, es ihm wegzunehmen. Der anschließende Versuch mit Rollentausch zwischen den beiden Männchen und einem neuen Weibchen führte zum selben Resultat. Weitere Experimente zeigten, daß auch andere Faktoren wie Herdenzugehörigkeit oder Präferenzen des Weibchens eine gewisse Rolle spielen. Die gegenseitige Respektierung des Weibchenbesitzes ist aber bei dieser Tierart eine relativ starke, angeborene Verhaltenstendenz. Pavianmännchen respektieren auch den Futterbesitz anderer Männchen, nicht aber jenen von Weibchen, während Weibchen untereinander sich um das Futter streiten (Kummer, persönliche Mitteilung). Diese Verhaltenseigentümlichkeiten scheinen biologisch sinnvoll, denn auch ein schwächeres Männchen kann mit seinen großen Eckzähnen ein ranghöheres ernsthaft verletzen, während das Gebiß des Weibchens weit weniger gefährlich ist. Kampf wird also vermieden, wenn er mit einem zu großen Risiko verbunden ist.
Obwohl die beschriebenen Simulationsmodelle auf sehr vereinfachte Situationen zugeschnitten sind, die in der Natur nicht wirklich vorkommen, lassen sich daraus doch evolutionsstabile Verhaltensstrategien ableiten, die im Tierreich realisiert sind. Auch können derartige Modelle ohne weiteres auf komplexere Situationen übertragen werden, in denen Verhaltensstrategien zur Anwendung gelangen, die vom interaktiven Geschehen abhängen. Kennt man die vielfältigen Vor- und Nachteile für die Überlebenschancen der Gene eines Individuums, die im Einzelfall mit bestimmten Verhaltensweisen verbunden sind, so kann die der Natur eigene Tendenz, evolutionsstabile Strategien zu ent-

wickeln, durch Simulationsprozesse nachvollzogen werden. Die zugrundeliegende Kosten-Nutzen-Analyse können Tiere selbstverständlich nicht bewußt durchführen, sie sind durch die natürliche Selektion daraufhin vorprogrammiert. Da evolutionsstabile Strategien nicht auf gegenseitiger Absprache beruhen, sondern durch Selektion der erfolgreichsten Verhaltensweisen gewonnen werden, stimmen sie, wie es bereits das einfache ›Falken-Tauben-Spiel‹ aufzeigt, nicht mit dem durch eine Gruppenverschwörung oder einen Vertrag erzielbaren Optimum überein. Maßgebend ist die individuelle Gewinnmaximierung, nicht eine Gruppensolidarität.

Altruistisches Verhalten

In neuerer Zeit bezeichnen Biologen Verhaltensweisen, mit denen ein Lebewesen das Wohlergehen eines Artgenossen auf Kosten seines eigenen Wohlergehens vergrößert, als altruistisch. Es ist nun aber eigentlich nicht statthaft, bei Tieren von altruistischem Verhalten zu sprechen. Altruismus kommt nämlich nur beim Menschen vor, denn er beinhaltet immer eine bewußte, moralisch motivierte Entscheidung. Deshalb ist ein beabsichtigter uneigennütziger Einsatz für den Mitmenschen auch dann altruistisch, wenn die angestrebte Wirkung gar nicht erreicht oder dem zu Begünstigenden sogar ungewollt ein Schaden zugefügt wird. Andererseits erfolgt nicht jede menschliche Hilfeleistung aus purer Nächstenliebe. Manchmal steckt Eigennutz dahinter, entweder als Anspruch auf Gegenleistung oder weil andere Vorteile dabei herausschauen. Ein außenstehender Beobachter kann also den tatsächlichen Grund einer altruistisch aussehenden Handlung gar nicht erkennen. Um diese Schwierigkeiten zu umgehen, verwenden wir hier die eingangs erwähnte operationale Definition. Wenn nun also im folgenden von altruistischem Verhalten bei Tieren die Rede ist, muß man berücksichtigen, daß es sich dabei nur um eine Art ›Pseudoaltruismus‹ handelt, der auf angeborenen Verhaltenstendenzen beruht und keine menschliche Moral oder Wertvorstellungen beinhaltet.

Die häufigste und auffälligste Form tierischer Selbstlosigkeit finden wir in Verhaltensleistungen, die Eltern, insbesondere Mütter, bei der Brut und Aufzucht ihrer Jungen erbringen und die deshalb als ›Fortpflanzungsaltruismus‹ bezeichnet werden. Andere Beispiele sind der Heldentod, den Arbeiterinnen-Bienen bei der Abwehr von Honigräubern auf sich nehmen, denn beim Stechvorgang werden normalerweise lebenswichtige Organe aus dem Körper der Biene herausgerissen, worauf sie meist stirbt. Eine weniger auffällige Form altruistischen Verhaltens sind Warnrufe, mit denen Tiere gewisser Arten ihre Kameraden auf ein Raubtier aufmerksam machen, wobei sie sich der Gefahr aussetzen, die Aufmerksamkeit des Räubers auf sich zu lenken.

›Altruistisches Verhalten‹ scheint sich relativ einfach mit Hilfe der sogenannten Gruppenselektionstheorie erklären zu lassen (Wynne-Edwards 1962, Ardrey 1970). Gruppen, deren Mitglieder bereit sind, sich für das Wohlergehen der Gruppe zu opfern, haben gegenüber einem Verband von Individuen, die in erster Linie selbstsüchtig ihre Eigeninteressen verfolgen, die besseren Überlebenschancen. Diese Theorie konnte sich vielleicht deshalb relativ lange großer Beliebtheit erfreuen, weil sie mit moralischen und politischen Idealen des Menschen übereinstimmt. Sie ist aber falsch. Eine aus lauter Altruisten bestehende Gruppe würde nämlich, wie die reine Taubenpopulation im erwähnten ›Falken-Tauben-Spiel‹, von innen her verraten. Ein einziges egoistisches Individuum besäße gegenüber den Altruisten einen viel zu großen Überlebensvorteil. Seine Gene würden sich solange ausbreiten, bis es zu einem Gleichgewicht zwischen Egoisten und Altruisten kommt oder sich alternative Verhaltensstrategien herausbilden, die beispielsweise altruistisches Verhalten nur dann zulassen, wenn dieses auf Gegenseitigkeit beruht.

Zuverlässiger kann altruistisches Verhalten durch Selektion auf dem individuellen Niveau erklärt werden. William Hamilton hat 1964 anhand populationsgenetischer Berechnungen aufgezeigt, daß altruistisches Verhalten die Überlebenschancen der Gene des altruistischen Individuums begünstigen, wenn dieses die Hilfeleistung seinen

Verwandten zukommen läßt. Die Gene eines Individuums sind, wenigstens teilweise, immer auch in seinen Verwandten vorhanden. Da jedes Kind die Hälfte seiner Gene vom Vater und die andere Hälfte von der Mutter erbt, beträgt der Verwandtschaftskoeffizient, das heißt die Wahrscheinlichkeit, daß zwei Verwandte ein bestimmtes Gen des einen Verwandten gemeinsam haben, zwischen Elternteil und Kind stets 0,5. Denselben Verwandtschaftskoeffizienten weisen auch Geschwister auf, denn die Hälfte der Gene des einen sind auch in seinem Bruder oder seiner Schwester vorhanden. Der Verwandtschaftskoeffizient von Onkel und Tante mit ihren blutsverwandten Nichten und Neffen beträgt wie jener zwischen Großeltern und Enkeln 0,25. Vettern ersten Grades besitzen schließlich noch einen Verwandtschaftskoeffizienten von 0,125. Gene für eine bestimmte altruistische Verhaltensdisposition breiten sich im Genpool aus, wenn die Kosten für den Altruisten nicht größer sind als der Nutzen, multipliziert mit dem Verwandtschaftskoeffizienten der Begünstigten. Heldentod ist also biologisch sinnvoll, wenn damit mehr als zwei Individuen mit einem Verwandtschaftskoeffizienten von 0,5, oder vier mit einem Verwandtschaftskoeffizienten von 0,25, oder acht mit einem Verwandtschaftskoeffizienten von 0,125 gerettet werden.
Diese theoretischen Erwartungen werden durch neuere Untersuchungen bestätigt, die die bei gewissen sozial lebenden Insekten-, Vögel- und Säugetierarten relativ häufig vorhandenen altruistischen Verhaltensweisen eingehend analysierten. Ein Musterbeispiel dafür bietet der Fortpflanzungsaltruismus, den wir bei vielen sozial lebenden Insekten, wie Ameisen und Termiten sowie vielen Bienen- und Wespenarten, vorfinden. Bei diesen Tieren hat sich eine sterile Kaste von Arbeiterinnen entwickelt, die sich ihr ganzes Leben mit speziellen Aufgaben wie Aufzucht der Larven, Sammeln von Nahrung und Wasser, Bau und Instandhalten des Nestes sowie Bekämpfen von Feinden befassen. Weshalb nahezu ausschließlich die Hautflügler so häufig diesen Weg einschlugen – eine Ausnahme bilden nur die Termiten –, hängt vermutlich mit der bei den Hautflüglern praktizier-

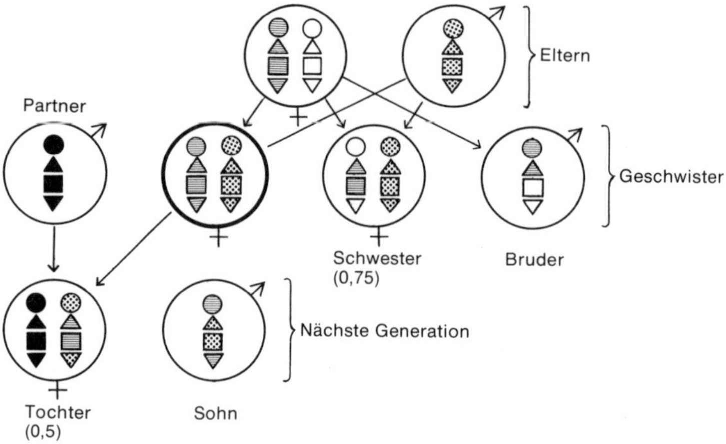

Abb. 3: Geschlechtsbestimmung bei den Hautflüglern. Die Weibchen (♀) entwickeln sich aus befruchteten Eiern und haben somit zwei Chromosomensätze, denjenigen des Vaters und einen der beiden mütterlichen Chromosomensätze. Die Männchen (♂) dagegen entstehen aus unbefruchteten Eiern und besitzen deshalb nur einen einzigen Chromosomensatz, der von ihrer Mutter stammt. Der Verwandtschaftskoeffizient, d.h. der durchschnittliche Anteil gemeinsamer Gene, ist bei den Hautflüglern zwischen Schwestern 0,75 und somit höher als jener zu ihren eigenen Töchtern, mit denen sie, wie bei Tieren mit geschlechtlicher Fortpflanzung üblich, die Hälfte ihrer Gene gemeinsam haben (nach Maynard Smith, 1978).

ten Geschlechtsbestimmung zusammen: Aus unbefruchteten Eiern werden Männchen, die somit nur einen einfachen Chromosomensatz aufweisen, aus befruchteten Eiern Weibchen, die normal diploid sind. Töchter eines Paares weisen so einen Verwandtschaftskoeffizienten von 0,75 auf und sind sich dadurch genetisch ähnlicher als die Geschwister von Eltern, die beide mit doppeltem Chromosomensatz ausgestattet sind (vgl. Abb. 3). Somit können Hautflüglerweibchen die eigenen genetischen Anlagen durch Pflege ihrer Schwestern wirkungsvoller fördern als durch Aufzucht eigener Nachkommen. Voraussetzung dafür ist allerdings, daß verschiedene Geschwistergenerationen der gleichen Eltern im Nest zusammenbleiben, was bei den Hautflüglern durch eine starke angeborene Tendenz zum Sozialleben tatsächlich gewährleistet wird.

Auch bei manchen Vogelarten gibt es sogenannte ›Bruthelfer‹, die Nestlingen Nahrung bringen, obwohl es nicht ihre eigenen Jungen sind (Skutch 1961, Brown 1972, Woolfenden 1975). Langzeituntersuchungen an farbig beringten Populationen ergaben, daß Bruthelfer in der Regel ein oder zwei Jahre alte, geschlechtsreife Vögel sind, die ihre eigene Fortpflanzung aufschieben, um in der Zwischenzeit ihren Eltern bei der Aufzucht von weiteren Brüdern und Schwestern zu helfen. Dieses Verhalten bringt einen doppelten Nutzen, denn einerseits sichert der Bruthelfer die Vermehrung auch seiner eigenen Gene im Genpool, andererseits kann er sich in der Brutpflege üben. Ausgedehnte Feldbeobachtungen des Sozialverhaltens japanischer Makaken *(Macaca fuscata)* zeigten eindrucksvoll, wie altruistische Hilfeleistungen verschiedenster Art in erster Linie den nächsten Verwandten gewährt werden und proportional zum Verwandtschaftsgrad abnehmen. Aggressive Verhaltensweisen nehmen dagegen zu, wo es sich um Artgenossen handelt, die nicht direkt verwandt sind (Kurland 1977).

Damit aber Verhaltensleistungen sich überhaupt nach Verwandtschaftsgraden abstufen können, müssen sich die Angehörigen einer Sippe erkennen. Die biologische Evolution hat dafür verschiedenste Lösungen entwickelt, etwa die Ortstreue des Sippenverbandes, olfaktorische, auditive oder visuelle Signale als ›Mitgliederausweis‹ und sogar individuelles, gegenseitiges ›Sichkennen‹, das durch sensorisch erfaßbare Merkmale ermöglicht wird. Wenn uneigennützige Hilfe proportional zum Verwandtschaftsgrad geleistet und sippenfremde Artgenossen von den Vorteilen solcher Verhaltensweisen ausgeschlossen werden, so verstärkt die natürliche Selektion automatisch die Erbanlagen für altruistisches Sozialverhalten. Durch vererbte Verhaltensneigungen gefestigte und strukturierte Sippenverbände sind dann in der Auseinandersetzung um knappe Ressourcen gegenüber Gruppen von sippenfremden Artgenossen mit weniger weit entwickeltem uneigennützigen Sozialverhalten im Vorteil.

Das gegenseitige, individuelle ›Sichkennen‹ der Mitglieder bei höheren Primaten ermöglicht auch die Entwicklung eines gegenseitigen Altruismus (Trivers 1971). Wenn eine altruistische Hilfeleistung dem Empfänger mehr einbringt als sie den Altruisten kostet und die Wahrscheinlichkeit groß ist, daß dieser später ebenfalls kollegiale Hilfe erhält, so überwiegen bei allen Beteiligten die Vorteile derartiger Hilfeleistungen den dafür erforderlichen Aufwand. Bei den Anubis-Pavianen *(Papio anubis)* sind die Männchen einer Herde – im Gegensatz zu den Weibchen – in der Regel nicht oder höchstens entfernt miteinander verwandt. Craig Packer konnte nachweisen, daß in solchen Herden die Männchen sich beim Erobern von Weibchen gegenseitig helfen. Dabei erhalten jene Männchen am häufigsten Beistand, die selbst am häufigsten den Aufforderungen zur Hilfeleistung nachkommen. Die Männchen neigen dazu, Unterstützung gerade von den Partnern anzufordern, denen sie selber früher Hilfe leisteten (Packer 1977).

Geschlechtsspezifische Arbeitsteilung und Interessenkonflikte

Fortpflanzung kann im Prinzip auch ungeschlechtlich erfolgen. Von dieser Möglichkeit machen einfache Lebewesen Gebrauch. So vermehren sich beispielsweise Bakterien durch bloße Zellteilung, Süßwasserpolypen und einige Pflanzen (z.B. Erdbeeren) durch Sprossung. Die geschlechtliche Fortpflanzung ist komplizierter, bietet aber den Vorteil, durch ständiges Neukombinieren des Genmaterials genügend Variabilität zu liefern, um durch Selektionsprozesse die Lebewesen an veränderte Umweltbedingungen anpassen zu können. Ohne geschlechtliche Fortpflanzung hätte die biologische Evolution ihr heutiges Niveau kaum erreicht.

Wie vereinzelte Beispiele zeigen, wäre es möglich, mehr als zwei Geschlechter zu haben oder geschlechtliche Fortpflanzung mit identischen Individuen durchzuführen. Im Evolutionsprozeß setzte sich aber ein Zwei-Geschlechter-

System durch, das durch eine effiziente Arbeitsteilung gekennzeichnet ist. Weibchen sind diejenigen Mitglieder einer Art, die den zur Produktion von Geschlechtszellen zur Verfügung stehenden, begrenzten Energievorrat auf verhältnismäßig wenige große Einheiten verteilen. Diese Einheiten werden als Eier bezeichnet und verfügen über genügend ›Betriebsstoffe‹, damit sie nach erfolgter Befruchtung mindestens ein paar Zellteilungen ohne Nahrungsaufnahme durchführen können. Männchen dagegen verwenden die für die Geschlechtszellenbildung vorhandene Energie zur Bildung von möglichst zahlreichen, dafür aber sehr kleinen Einheiten, die Samenzellen oder Spermien. Ihre Aufgabe, nach erfolgter Begattung so schnell wie möglich die weibliche Eizelle zu erreichen, können sie um so besser erfüllen, je kleiner und beweglicher sie sind. Deshalb bestehen Samenzellen praktisch nur aus den mit einer Hülle umgebenen Chromosomen und einem zur Fortbewegung dienenden Schwanz. Diese extreme Aufgabenteilung bietet bessere Befruchtungschancen als jede Zwischenlösung. Sie erfordert den Größenunterschied zwischen beiden Arten von Geschlechtszellen. Das Weibchen leistet bereits zum Zeitpunkt der Befruchtung den größeren Beitrag für die Nachkommenschaft. Bei Säugern wird die Asymmetrie zwischen Männchen und Weibchen dadurch verstärkt, daß das Weibchen die Frucht austragen muß. Von der weiblichen Sonderleistung profitieren die Gene beider Partner aber im selben Maße. Die weibliche Strategie der großen Investition ermöglicht die männliche Strategie der kleinen. Hierin liegt sicher auch ein biologischer Ursprung für die Ausbeutbarkeit des weiblichen Geschlechts.

Beim Menschen ist die Eizelle fünfundachtzigtausendmal größer als die Samenzelle. Die Frau muß also viel mehr in die einzelne Geschlechtszelle investieren als der Mann. Sie kann während ihres ganzen Lebens nur rund vierhundert Eier ausreifen lassen und höchstens etwa zwanzig bis zu einem lebensfähigen Kind austragen. Der Mann dagegen gibt mit jeder Ejakulation Millionen von Samenzellen ab und könnte theoretisch Tausende von Nachkommen zeugen. Zahlreiche Biologen, u.a. David Barash (1977) und Edward

WILSON (1978) haben darauf hingewiesen, daß diese biologischen Unterschiede ihren Niederschlag in genetisch fixierten, geschlechtsspezifischen Verhaltensneigungen finden müssen.

Bei Tieren sind beide Geschlechter bestrebt, möglichst viele Nachkommen zur Geschlechtsreife zu bringen. Dieses Ziel läßt sich mit zwei verschiedenen Strategien erreichen: große Nachkommenzahl, wenn aus bestimmten Gründen nur wenige geschlechtsreif werden können; wenige Junge, wenn sie dank intensiver Pflege gute Überlebenschancen besitzen. Welche dieser beiden Grundstrategien eine Tierart benutzt, ergibt sich aus den Umweltbedingungen und den genetischen Varianten, die zusammen die evolutiven Entwicklungsmöglichkeiten und Entwicklungsrichtungen bestimmen. Das vielschichtige Zusammenwirken von Anlage und Umwelt wandelte beide Grundstrategien im Verlaufe der stammesgeschichtlichen Entstehung der Lebewesen auf mannigfaltige Weise ab. Das Kuckucksweibchen beispielsweise hat relativ wenig Junge, überläßt aber die erforderliche intensive Pflege anderen Vögeln, denen es jeweils ein einzelnes Ei ins Nest legt. Das Fortbestehen des Kuckucks ist gewährleistet, solange es genügend Vögel gibt, die Kuckuckseier ausbrüten. Eine ähnliche Schmarotzerstrategie verfolgen die sogenannten Satelliten-Männchen der Fischgattung *Tripterygion.* Diese kleinen, unscheinbaren Männchen umkreisen wie Satelliten kräftige, buntgefärbte und für die Weibchen attraktive Geschlechtsgenossen, die ein Revier besitzen und verteidigen. Hat ein revierbesitzendes Männchen ein Weibchen zum Ablaichen in sein Revier gebracht, so versucht sich häufig ein Satelliten-Männchen heranzumachen, um auch sein Sperma in die Nähe der Eier zu bringen. Der Eindringling wird zwar sofort vom Revierbesitzer vertrieben, doch gelingt es ihm, wenigstens einige der Eier zu besamen. Der Revierbesitzer hegt und pflegt dann diese Eier, zusammen mit den von ihm selbst befruchteten Eiern. Die Satelliten-Männchen kommen so mit wenig Aufwand für Balz und Verteidigung zu einem gewissen Fortpflanzungserfolg. Die Konkurrenz unter den Männchen um die Erzeugung von Nachkommen führte

nicht nur bei Fischarten, bei denen große, revierbesitzende Männchen die Weibchen umwerben, zur Entwicklung einer derartigen Schmarotzerstrategie, sondern auch bei Vertretern anderer Tierstämme, wie Laubfröschen, Echsen, Vögeln und einigen Säugetieren. Zwischen den beiden Männchentypen stellt sich jeweils mit der Zeit ein stabiles Mengenverhältnis ein: Wenige Schmarotzer haben gute Fortpflanzungschancen, werden sie aber zu zahlreich, so nimmt ihr Fortpflanzungserfolg automatisch ab.
Weibliche Eizellen sind um so wertvoller, je weniger Junge ein Weibchen im Verlaufe seines Lebens haben kann. Das Weibchen kann die Überlebenschancen seiner Gene am wirkungsvollsten steigern, indem es sich nur mit Männchen paart, die besonders lebenstüchtig sind, und, falls möglich, sie dazu veranlaßt, bei der Aufzucht der Jungen mitzuhelfen, beziehungsweise solche Partner auswählt, die Mithilfe leisten. Aus biologischen Gründen ist deshalb zu erwarten, daß Weibchen bei Auswahl ihrer Kopulationspartner wählerischer vorgehen als Männchen. Diese theoretisch abgeleitete Prognose wird durch die Beobachtung erhärtet, daß Kopulationen zwischen Vertretern verschiedener Arten höchst selten zustande kommen, obwohl Männchen einiger Arten versuchen, sich auch mit artfremden Weibchen zu paaren. Derartige Paarungen können den Weibchen, nicht aber den Männchen, große Nachteile bringen. Da Kreuzungen eng miteinander verwandter Arten – wie etwa das aus der Paarung von Pferd und Esel entstehende Maultier – meist steril oder überhaupt nicht lebensfähig sind, vergeudet das Weibchen Zeit und Energie, die für reinartliche Nachkommen mit besseren Lebens- und Fortpflanzungschancen verwendet werden könnten.
Einen weiteren Nachweis geschlechtsspezifischer Unterschiede im Paarungsverhalten lieferte eine Reihe ausgeklügelter Experimente an der Fruchtfliege *Drosophila melanogaster* (Bateman 1949). Da gut bekannt ist, wie das Vererbungsgeschehen bei diesem Paradeversuchstier der Genetiker abläuft, ließen sich mit genotypisch verschiedenen Individuen Gruppen von je fünf Männchen und fünf Weibchen derart zusammenstellen, daß man aus den Phä-

notypen der Nachkommen eindeutig die jeweiligen Eltern bestimmen konnte. Die Verhaltensbeobachtungen zeigten, daß alle Männchen sich häufig und undifferenziert zu paaren versuchten, während die Weibchen selten mehr als eine einzige Paarung zuließen. Der Fortpflanzungserfolg der Männchen war unterschiedlich. Einige wenige, die die meisten der beobachteten Paarungen eingingen, waren besonders erfolgreich; etwa ein Viertel der Männchen aber zeugten überhaupt keine Nachkommen, obwohl sie sich mit großer Ausdauer an die Weibchen herangemacht hatten. Von den Weibchen dagegen hatten fast alle Nachkommen, wobei das fruchtbarste Weibchen dreimal weniger Nachkommen aufwies als das erfolgreichste Männchen. Bei den seltenen Ausnahmen, bei denen es ohne Nachkommenschaft blieb, handelte es sich durchwegs um Weibchen, die zwar von Männchen umworben wurden, aber jegliche Paarung verweigert hatten. Die Drosophila-Weibchen haben also keine Mühe, ihre Eier befruchten zu lassen, doch gehen sie – im Unterschied zu den Männchen – bei der Auswahl ihrer Kopulationspartner selektiv vor.

Wenn die Eltern für die Aufzucht ihrer Jungen Zeit und Energie aufwenden müssen, so leistet fast immer die Mutter den größeren Teil, häufig übernimmt sie sogar die ganze Fürsorge. Geringe oder überhaupt keine männliche Hilfe findet man vor allem bei Arten mit innerer Befruchtung, wozu die meisten Wirbeltiere, aber auch viele Wirbellose, wie beispielsweise die Insekten, gehören. Hier besteht für das Männchen keine absolute Gewißheit, daß die Jungen eines Weibchens, mit dem es sich paarte, wirklich seine eigenen Nachkommen sind; andere Männchen könnten nämlich vor oder nach ihm ebenfalls mit diesem Weibchen kopuliert haben. Würde sich ein Männchen an der Aufzucht von Jungen beteiligen, mit denen es nicht verwandt ist, so trägt es keinen genetischen Nutzen davon. Seine Gene werden nur dann stärker verbreitet, wenn es möglichst viele Weibchen befruchtet. So ist es biologisch sinnvoll, wenn Männchen bei der Wahl von Kopulationspartnerinnen weniger wählerisch sind als Weibchen. Können die Weibchen einer Tierart auch ohne männliche Mithilfe genügend Junge erfolgreich aufziehen, besteht die erfolgreichste Strategie für das Männchen darin, sich lediglich auf den Zeugungsvorgang zu konzentrieren. Ist seine Mithilfe jedoch erforderlich, damit die Jungen überhaupt gedeihen können, so muß das Männchen für genügend Gewißheit sorgen, daß es den eigenen Jungen hilft. Es wird versuchen, allfällige Rivalen von seiner Partnerin fernzuhalten.

Bei Fischen mit äußerer Befruchtung gibt es allerdings Fälle, bei denen das Männchen die ganze Brutpflege übernimmt. Es versucht dann aber, das Weibchen beim Ablaichen in eine Situation zu bringen, die sicherstellt, daß nur seine Samen die Eier befruchten können. Der männliche Dreistachelige Stichling *(Gasterosteus aculeatus)* etwa baut ein Nest in die Mitte seines gegen Rivalen vehement verteidigten Territoriums, lockt mit dem sogenannten Zickzack-Tanz ein Weibchen an, das er dazu veranlaßt, durch sein Nest zu schlüpfen und darin abzulaichen. Anschließend befruchtet das Stichlingmännchen die Eier, während das Weibchen nach dem Ablaichen sofort verschwindet. Mit der Brut alleingelassen, haben diejenigen Stichlingmännchen die besseren Fortpflanzungschancen, die sich auch um die Brut kümmern. Die natürliche Selektion fördert hier das männliche Brutpflegeverhalten. Selbstverständlich hätte aus dem Evolutionsgeschehen auch eine andere Lösung hervorgehen können, wenn etwa Stichlingweibchen beim Nest geblieben wären und die Brutpflege übernommen hätten.

Vor allem Robert TRIVERS hat 1971 darauf hingewiesen, daß sexuelle Partnerschaft im Tierreich nicht in erster Linie zum gegenseitigen Nutzen oder sogar zum Wohle der Art besteht, sondern durch die Auseinandersetzung zwischen den spezifisch männlichen und weiblichen Interessen zustande kommt. Grundsätzlich kann man zwei Hauptstrategien unterscheiden, die in mehr oder weniger ausgeprägter Form praktiziert werden und sich wenigstens teilweise auch kombinieren lassen. Sie hängen von Kriterien ab, nach denen die sich vor der Begattung in der stärkeren Position befindenden Weibchen ihre Geschlechtspartner auswählen. Biologisch attraktiv für die Weibchen sind sowohl Güter oder Verhaltensleistungen, die ein Männchen anbietet, als auch die Qualität der männlichen Gene. Ein Weibchen, das die Strategie der Erbringung von Gütern oder Verhaltensleistungen anwendet, wird sich erst dann begatten lassen, wenn das Männchen Vorleistungen in Form von Paarungsvorspielen, Futterbeschaffung oder Nestbau erbracht hat. Dadurch kann das Weibchen die ›Treue‹ des Männchens abschätzen. Falls die überwiegende Mehrheit aller weiblichen Angehörigen einer Art diese Strategie verfolgt, haben nur solche Männchen Fortpflanzungschancen, die ihrer Partnerin treu sind. Häufiger Partnerwechsel ist in solchen Fällen unrentabel, weil die Eroberung einer neuen Geschlechtspartnerin wiederum einen großen Investitionsaufwand erfordern würde.

Die zweite Strategie, die Bevorzugung erfolgreicher Gene, kann vor allem bei Tierarten beobachtet werden, wo die Männchen Harems halten. Die Weibchen lassen sich dann ausbeuten und ziehen ihre Jungen meist ohne direkte männliche Mithilfe auf. Sie gewähren aber ihre Gunst nur den in ihrer Gruppe hierarchisch hochstehenden Männchen und verbessern so die Überlebenschancen ihrer eigenen Gene. Weibchen können ihren Nachkommen beispielsweise auch dadurch möglichst gute Gene beschaffen, daß sie sich mit älteren Männchen paaren, die ihre Lebenstüchtigkeit bereits bewiesen haben.

Beide Strategien – bei der einen mit dem Schwergewicht auf Gütern und Verhaltensleistungen, bei der anderen auf genetischer Qualität – sind evolutionsstabil. Welche die einzelnen Tierarten realisieren und in welch starkem Ausmaße, hängt von den jeweiligen ökologischen Voraussetzungen ab. In beiden Fällen herrscht unter den Männchen ein Wettbewerb um empfängnisbereite Weibchen. Dominante und kämpferische Männchen sind dabei gegenüber ihren Rivalen bevorteilt. Dieser Selektionsdruck dürfte mit dafür verantwortlich sein, daß bei den meisten Tierarten die Männchen sich aggressiver verhalten als die Weibchen, daß auch beim Menschen Männer weitaus mehr Gewaltverbrechen begehen als Frauen.

Wie aufgrund unserer theoretischen Überlegungen zu erwarten ist, finden sich bei Tierarten mit innerer Befruchtung Verhaltensstrategien, die die Gewißheit der Vaterschaft erhöhen. Als naheliegende Möglichkeit versucht das Männchen vor allem, Rivalen von seinem Weibchen fernzuhalten. Dies kann aber mitunter einen recht hohen Aufwand erfordern. Bei Primaten beispielsweise gelingt es selbst rangtieferen Männchen recht häufig zu kopulieren. Bei einem Trupp von Gelben Babuins *(Papio cynocephalus)* wurde allerdings beobachtet, daß sich die Weibchen höchst selten an solchen Paarungen beteiligen, wenn sie sich in der Mitte ihres Sexualzyklus befinden (Hausfater 1975). Die dominanten Babuin-Männchen gestatten offenbar den rangniederen Geschlechtsgenossen nur dann zu kopulieren, wenn sich die Weibchen am Anfang oder Ende der Östrusphase befinden, wo eine Befruchtung unwahrscheinlich ist. Während der für die Zeugung optimalen Zeitspanne dagegen beanspruchen sie die Weibchen ausschließlich für sich selbst.

Bei manchen Tierarten töten die Männchen, die von einem verstorbenen oder durch Kampf besiegten Geschlechtsgenossen eine Gruppe von Weibchen übernehmen können, alle in dieser Gruppe bereits vorhandenen und in nächster Zeit noch zur Welt kommenden Jungtiere, obwohl sich die Mütter vehement dagegen wehren. Dieses gegen die Interessen der Art gerichtete Verhalten wurde bei Löwen *(Panthera leo*; Schaller 1972, Bertram 1975) und Languren *(Presbytis entellus*; Sugiyama 1967, Mohnot 1971, Hrdy 1977), nachgewiesen. Das Männchen merzt dadurch die genetischen Spuren seines Vorgängers aus und versetzt überdies die Weibchen in die Lage, früher als es sonst möglich wäre, Junge von ihm zu bekommen. Interessanterweise kann bei trächtigen Langurenweibchen, die noch vom vorherigen Besitzer gedeckt wurden, nach dem Besitzerwechsel ein Scheinöstrus auftreten. Das empfängnisbereit erscheinende Weibchen paart sich mit dem neuen Haremsbesitzer, wodurch dieser getäuscht wird und das später geborene Kind als sein eigenes annimmt (Hrdy 1977). Einen ähnlichen Effekt, wie ihn Löwen und Langurenmännchen durch Kindstötung erzielen, bewirken Mäusemännchen durch Ausscheiden einer Substanz, deren Geruch bei schwangeren Mäuseweibchen eine Fehlgeburt verursacht, wenn er vom Geruch des früheren Gatten verschieden ist (Bruce-Effekt, Bruce 1969).

Kinder- und Geschwistermord dienen aber auch dazu, bei nicht ausreichendem Fürsorgepotential wenigstens einem Teil der Nachkommen das Überleben zu sichern. Dies zeigen beispielsweise Experimente mit tropischen Buntbarschen *(Cichliden)*, bei denen beide Partner gemeinsam ihre Brut pflegen. Entfernt man einen Elternteil, dessen Brut sich noch im Eierstadium befindet, so frißt das verbleibende Tier das Gelege sofort auf. Seine Kräfte würden kaum ausreichen, um die unbeweglichen Eier oder Larven allein gegen die sehr zahlreichen Feinde zu verteidigen. Dieses Verhalten tritt aber auch dann auf, wenn der alleingelassene Elternteil sofort zu einem neuen Partner kommt. Der neue Partner beteiligt sich sogar am Vernichten der Brut und eröffnet damit die Möglichkeit, selber in das ›Fortpflanzungsgeschäft‹ einzusteigen. Verschwindet aber ein Elternteil zu einem Zeitpunkt, wo die Jungen bereits als Schwarm frei schwimmen, so betreut sie der verbleibende Elternteil weiter und schützt sie vor möglichen Feinden. Der erforderliche Aufwand ist nun nicht mehr allzu groß; er lohnt sich, denn die Jungen lernen bald, sich selbst in Sicherheit zu bringen, wenn das Elterntier nur warnt.

Bei den Galapagos-Seebären *(Arctocephalus galapagoensis)* verhindert Geschwistermord eine zu nahe Aufeinanderfolge der Jungtiere. Die Weibchen dieser Seebärenart bringen jedes Jahr ein Junges zur Welt, das sie zwei Jahre lang säugen und pflegen müssen. Der Milchvorrat reicht aber nicht aus, um gleichzeitig zwei Jungtiere zu versorgen. Trotzdem ist die einjährige Geburtenfolge biologisch sinnvoll, denn sehr viele Junge überleben das erste Jahr nicht. Die überlebenden Jungtiere bekommen aber ein Jahr später Konkurrenz durch ein neues Junges, das sie von der Mutter wegtreiben, bisweilen sogar töten. Die Mutter schützt das Neugeborene kaum und verläßt es sogar nach ein paar Tagen. Zwei Jahre alte Junge dagegen tolerieren in der Regel ein neugeborenes Geschwister. Sollten sie trotzdem angreifen, so verteidigt die Mutter das jüngere energisch. Ein verlassenes Neugeborenes bekommt auch keine Hilfe von anderen Weibchen, die kein oder nur ein bereits zweijähriges Kind haben. Sie weisen das verstoßene Junge trotz seiner verzweifelten Annäherungsversuche ab und lassen es verhungern. Statt einem fremden Jungen zu helfen, füttern Mütter ihr schon zwei Jahre altes Kind noch ein Jahr weiter. Adoptierte eine Mutter das fremde Kind, so müßte im folgenden Jahr ihr nächstes eigenes Kind umkommen. Wie in den oben geschilderten Fällen würde auch hier Adoption dem Überleben der Art dienen. Genetisch fixierte Verhaltensprogramme leiten aber das Individuum dazu an, seinen eigenen Fortpflanzungserfolg zu maximieren; fremde Junge werden nicht gepflegt, wenn man statt dessen eigene haben kann.

Die hier besprochenen Vorgänge regeln Verhaltensinteraktionen bei Tieren. Beim Menschen äußern sich diese biologischen Prozesse in Form von angeborenen Verhaltensneigungen, die aber durch geistige und kulturelle Faktoren überlagert und unter Umständen ganz entscheidend modifiziert werden.

BIOLOGISCHE EVOLUTION

Das Gehirn des Menschen bildet das zentrale Regulationsorgan für jegliche Art menschlicher Tätigkeit. Da sich dieses Gehirn im Verlaufe der biologischen Evolution entwikkelt hat, müssen sich auch die geistigen Fähigkeiten des Menschen, die an das Gehirn und den darin stattfindenden Informationsfluß gebunden sind, nach und nach entwickelt haben. Die evolutionsgeschichtliche Vergangenheit des Gehirns bildet somit den wesentlichen und prägenden Aspekt der menschlichen Vorgeschichte. Viele Hirnfunktionen, die im Verlaufe dieses Entwicklungsprozesses entstanden sind, spielen heute noch eine wichtige Rolle.

Am Beispiel der Gehirnentwicklung läßt sich der Ablauf der biologischen Evolution nachvollziehen. Zunächst traten spezialisierte Nervenzellen auf, aus denen sich in der Folge einfache Nervennetze bildeten, die ständig komplizierter wurden und schließlich ein leistungsfähiges Leitungs- und Koordinationsorgan in Form eines zunehmend größer und komplexer werdenden Gehirns erhielten. Aber erst die im letzten Abschnitt der menschlichen Entwicklung aufgetretene gewaltige Größenzunahme des Gehirns lieferte die Grundlage für die geistigen Fähigkeiten des Menschen, die sich in seiner Intelligenz und seinem Selbstbewußtsein sowie in seiner sozialen Organisation und Kultur äußern.

Überblick der evolutionsgeschichtlichen Zeiträume

Unsere Erde entstand vor etwa 4,6 Milliarden Jahren, das erste Leben vor rund 3,8 Milliarden Jahren. Ein erster einzelliger Organismus bildete sich vermutlich aus organischem Material, das die Fähigkeit hatte, sich selbst zu replizieren und Ähnlichkeiten mit aus Desoxyribonukleinsäuren (DNA) zusammengesetzten Molekülen aufwies, aus denen die Gene der heutigen Tier- und Pflanzenwelt bestehen. Der für die Evolution entscheidende Schritt bestand wohl darin, daß eine selbstreplikationsfähige Substanz sich mit einer Hülle umgeben konnte, die den Aufbau eines von der Umwelt abgekapselten inneren Milieus gestattete. Diese Abkapselung ermöglichte die Errichtung einer inneren Ordnung und somit den Aufbau eines Systems, das zwar für Austauschprozesse mit der Umwelt offen war, aber bereits eine gewisse Eigenständigkeit besaß. Damit hatten genähnliche Moleküle eine Strategie entdeckt, um erfolgreich zu überleben. Wie bereits erwähnt, ermöglicht es der Aufbau von Organismen, Gene in großer Stückzahl zu erzeugen und überleben zu lassen.

Der Zusammenschluß einzelner Zellen zu mehrzelligen Lebewesen ließ länger auf sich warten, als die Entstehung von organischem Material aus unbelebter Materie. Mehrzellige Lebewesen traten nämlich erst vor etwa 700 Millionen Jahren auf. Man vermutet, diese Organisationsform habe sich mehrfach und voneinander völlig unabhängig entwickelt. Im Vergleich zum Einzeller erfordert der Aufbau mehrzelliger Lebewesen bedeutend mehr genetische Information. So verfügt beispielsweise die Zelle einer Fliege über etwa 50mal mehr DNA, die eines Säugers über rund 2 000mal mehr DNA als eine Bakterienzelle. Die mehrzellige Organisation gestattet Arbeitseinteilung und Spezialisierung auf einzelne Funktionen. Sie ist der einzelligen Organisation weit überlegen. Die ›Erfindung‹ mehrzelliger Lebewesen bedeutete für das Leben nahezu unbegrenzte Entfaltungsmöglichkeiten. Dieser Schritt war von noch größerer Tragweite als der von der unbelebten zur belebten Natur. Als Preis für diese Entwicklung aber trat der Tod in die Welt; nur noch die Keimzellen werden von Generation zu Generation weitergegeben. Die produzierenden Hüllen oder Leiber werden jeweils entbehrlich, sobald das neue Leben den Kampf ums Dasein ohne elterliche Hilfe bestehen kann, sie sterben deshalb früher oder später ab.

Für die Entstehung des Menschen war die Entwicklung der Wirbeltiere (Vertebraten) Voraussetzung. Diese setzte vor rund 500 Millionen Jahren mit einfachen Chordaten ein und entfaltete einen Stammbaum mit vielen Verzweigungen und Verästelungen (Abb. 4). Einer seiner Äste führt zum Menschen, andere führen zu den heute lebenden Wirbeltieren, einige Abzweigungen und Verästelungen, deren Vertreter wir höchstens als fossile Tierarten kennen, enden in ›Sackgassen‹. Von der zum Menschen führenden Entwicklungslinie zweigten vor etwa 400 Millionen Jahren die Fische ab, vor etwa 350 Millionen Jahren die Amphibien und vor 300 Millionen Jahren der Hauptast der Reptilien, die als Saurier ihre Blütezeit während einer Periode erlebten, die 200 bis 65 Millionen Jahre vor unserer Zeitrechnung liegt. Die ersten Säuger entstanden vermutlich vor rund 200 Millionen Jahren aus säugerartigen Reptilien, die den Kampf um die ökologischen Nischen mit den übrigen Reptilien verloren und die relativ leeren Nachtnischen übernahmen, an die die Reptilien nicht sonderlich angepaßt waren (Jerison 1973). Während der ersten Phase der Säugerentwicklung bildete sich eine zunehmend bessere Anpassung

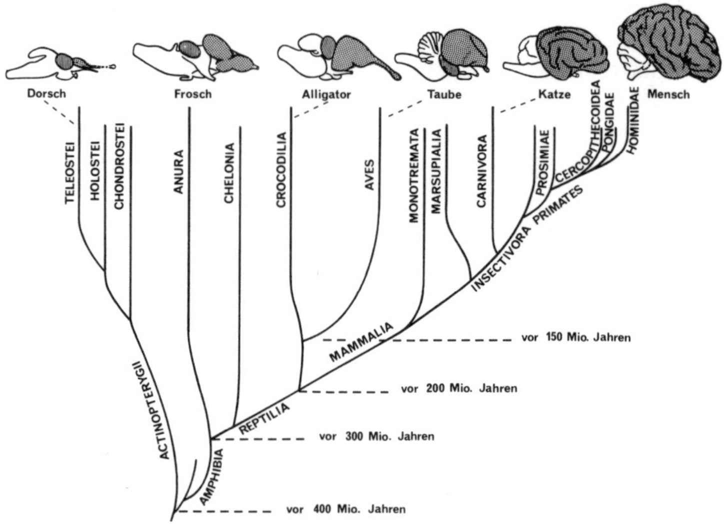

Abb. 4: Vereinfachter Stammbaum der Vertebraten mit ungefährer Zeitangabe für die wichtigsten Verzweigungen. Bezeichnet sind nur solche Entwicklungslinien, von denen rezente Formen existieren. Für jede Vertebratenklasse ist zuoberst das Gehirn eines Vertreters aufgeführt. Man beachte die unterschiedlichen Größenverhältnisse zwischen den einzelnen Hirnabschnitten (Vorderhirn: punktiert; Mittelhirn: gestrichelt). Die Gesamtgrößen dagegen sind nicht direkt miteinander vergleichbar, da der Verkleinerungsmaßstab von links nach rechts zunehmend größer wird (nach Hodos, 1970).

an das Nachtleben aus. Große Bedeutung für den Kampf ums Dasein kam dabei den Fernsinnen Gehör und Geruch zu, während sich das visuelle System zurückbildete bzw. auf das Sehen bei geringer Lichtintensität spezialisierte. Die Vögel dagegen trennten sich erst später, vor rund 150 Millionen Jahren, von den Reptilien. Sie können als Nachfolger von fliegenden Reptilien und spezialisierten Dinosauriern aufgefaßt werden, die einen neuen, attraktiven Lebensraum fanden. Vor 65 Millionen Jahren starben Saurier und andere Reptilien aus. Die Säuger konnten sich jetzt in den bislang von den Reptilien besetzten Nischen ausbreiten; es begann ihre eigentliche Blütezeit, die vor etwa 3 Millionen Jahren mit dem Aussterben zahlreicher Großsäuger zu Ende ging.

Vor rund 10 Millionen Jahren traten die ersten menschenähnlichen Wesen (Hominiden) auf, woraus sich schließlich die erfolgreichste Säugerart, der *Homo sapiens*, entwickelte. In seiner heutigen Form existiert der Mensch seit etwa 100000 Jahren. Während dieser Periode machte er neben seiner biologischen eine völlig neue, eine sich zunehmend beschleunigende, eine ›kulturelle‹ Entwicklung durch, die wie die biologische bis heute nicht abgeschlossen ist.
Stellt man sich das Evolutionsgeschehen seit der Entstehung der Erde auf einen Tagesablauf von 24 Stunden übertragen vor, so zeigte sich das erste Leben etwa am Morgen um 4.10 Uhr, die ersten mehrzelligen Lebewesen erschienen dann erst um 20.20 Uhr, die Wirbeltiere begannen mit ihrer Entwicklung gegen 21.30 Uhr. Die Abspaltung der ersten menschenähnlichen Wesen vom Uraffen erfolgte gegen 23.57, und der heutige Mensch betrat die Welt knapp 2 Sekunden vor Mitternacht. Wie diese Zeitdarstellung veranschaulicht, nahm die materielle Entstehung der Erde mit ihren für uns so wichtigen Bodenschätzen und die Evolution der Lebewesen relativ viel Zeit in Anspruch, wohingegen die kulturelle Evolution gerade erst begann. Der Mensch greift also erst seit kurzem in das Weltgeschehen ein und doch veränderte er bereits das Gesicht der Erde sowie die darauf herrschenden Lebensbedingungen. Menschliche Tätigkeit entscheidet heute über das Schicksal jeglicher Form von materieller, biologischer und geistiger Evolution.

Entwicklung des Nervensystems

Ein einzelliger Organismus kann alle Lebensfunktionen wie Verdauung, Atmung, Stoffwechsel, Zirkulation, Exkretion, Lokomotion und Reproduktion durchführen, ohne über ein Nervensystem zu verfügen. Zur Koordinierung der Lebensvorgänge besitzt er aber bereits ein einfaches Informationsübertragungssystem, das aus flüssigen Stoffwechselprodukten besteht, die die ganze Zelle durchströmen. Dieses humorale System wirkt diffus und kann mit dem hormonellen System höherer Tiere verglichen werden.

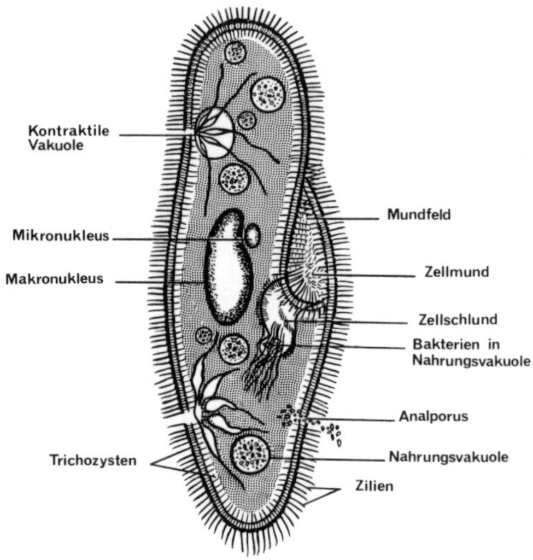

Abb. 5: Das Pantoffeltierchen *(Paramaecium caudatum),* ein heute lebender Einzeller.

Ein heute lebender Einzeller ist das Pantoffeltierchen *Paramaecium* (Abb. 5). Die Oberfläche eines solchen Tierchens ist mit etwa 2 500 feinen zytoplasmatischen Härchen, genannt Zilien, bedeckt, die einen koordinierten Schlagrhythmus aufweisen und so das Tier fortbewegen. Daneben besitzt es weitere Organellen, die seine Lebensfunktionen gewährleisten. Gegenwärtig streitet man sich, ob solche Tiere lernfähig sind. Auf jeden Fall aber bieten derartige Einzeller die einmalige Gelegenheit, Korrelationen zwischen histologischen Strukturen und Verhaltenseigenschaften zu untersuchen. Auch könnten sie vielleicht helfen, die Frage zu klären, ob die Lernfähigkeit eine allgemeine Eigenschaft des Protoplasmas darstellt oder ausschließlich dem Nervengewebe vorbehalten ist.

Die einfachsten mehrzelligen Tiere sind die Schwämme. Eigentlich sind sie Kolonien einzelner Zellen. In einer solchen Kolonie besteht zwar eine gewisse Arbeitsteilung, aber es gibt nur geringe oder keine zelluläre Koordination zur Bildung von Geweben, auch kein koordinierendes Nervensystem. Ein eigentliches Nervensystem, das Information gerichtet – nicht diffus wie das humorale System – im Körper verteilen kann, trat erst in Erscheinung, als sich die Zellen des mehrzelligen Organismus auf einzelne Lebensfunktionen zu spezialisieren begannen. So ist die Nervenzelle, genannt Neuron, ganz darauf spezialisiert, auf Reize zu reagieren und diese Information in Form von elektrischen Impulsen weiterzuleiten. Sie kommt in verschiedenen Formen und Größen vor, weist aber stets den gleichen Grundbauplan auf (Abb. 6). Ein Neuron besitzt meist mehrere Dendriten, aber immer nur ein Axon. Die elektrischen Nervenimpulse bewegen sich dem Axon entlang zu den

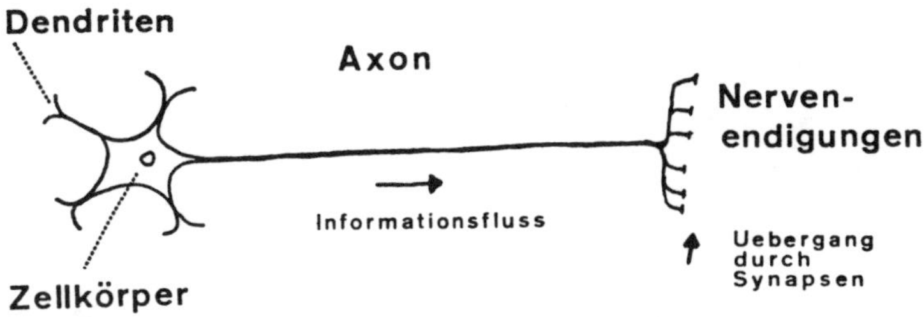

Abb. 6: Grundbauplan der Nervenzelle in schematischer Darstellung. Die elektrischen Nervenimpulse bewegen sich über das Axon zu den Nervenendigungen und werden dort durch chemische Neurotransmitter über die Synapsen auf andere Nervenzellen übertragen.

Nervenendigungen. Diese sind über Synapsen mit Dendriten, mit Zellkörpern oder mit Axonen anderer Neuronen verbunden. Die Synapsen dienen als Ventile und Integratoren, sie lassen die Nervenimpulse nur in einer Richtung durch und entscheiden darüber, ob am nächsten Neuron ebenfalls ein Nervenimpuls ausgelöst werden soll. Bei der Reizübertragung an den Synapsen wird das allgemeine Evolutionsprinzip deutlich, nach dem bereits bestehende Systeme weiterverwendet und in höhere integriert werden. Die Reizübertragung erfolgt nämlich humoral, d. h. mit chemischen Überträgersubstanzen. Diese ›Neurotransmitter‹ sind hormonähnlich und im Falle des Adrenalins sogar mit einem Körperhormon identisch. Zum ursprünglichen Konzept, Information durch chemische Substanzen zu übertragen, kommt eine Kanalisierung der Substanzausschüttung auf spezifische Kontaktstellen, den Synapsen, an denen die ausgeschüttete Substanz jeweils sofort wieder abgebaut und zum Neuaufbau von Überträgersubstanz resorbiert wird. Diese Kanalisierung, sofortige Neutralisierung und Abfallwiederverwertung erlauben eine viel differenziertere und schnellere Informationsübermittlung als das freie Herumschwimmen von chemischen Boten im ganzen Körper.

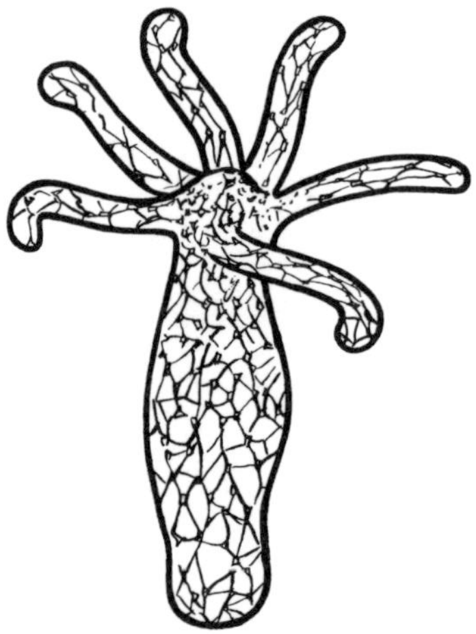

Abb. 7: Erste spezialisierte Nervenzellen findet man bei der Hydra (Süßwasserpolyp) und anderen Coelenteraten. Die Nervenzellen der Hydra bilden ein Netzwerk, das im Bereich des Mundes dichter ist als in den übrigen Gebieten.

Erste Nervenzellen findet man bei den Coelenteraten (Hohltieren). Die Nervenzellen der Hydra (Süßwasserpolyp) weisen viele Verästelungen auf, die die Zellen untereinander zu einem Netzwerk verbinden, so daß ein von einem bestimmten Körperteil ausgehender Nervenimpuls sich in alle Teile des Körpers ausbreiten kann. Die Hydra (Abb. 7) besitzt bereits erstaunliche Verhaltenseigenschaften. Normalerweise heftet sie sich mit ihrer Fußplatte an eine Unterlage, und ihre Tentakel treiben scheinbar passiv im Wasser. Sobald aber die Tentakel mit einem im Wasser schwebenden Teilchen in Berührung kommen, rollen sie sich ein, um das Teilchen zum Zellmund zu transportieren. Ist der Berührungsreiz zu stark, so wird aus dem Tentakelreflex eine Rückzugsreaktion; die ganze Hydra zieht sich zusammen und wird zu einer kleinen Kugel. Die Tentakel sind außer mit den zu ihrer Bewegung dienenden Muskelzellen an ihrer Oberfläche noch mit giftigen Nesselkapseln ausgerüstet, die bei entsprechender Berührung auf lebende Wasserflöhe und andere Planktontierchen geschleudert werden, um diese zu betäuben. Diese Reaktion erfolgt wie das Öffnen des Mundes aufgrund eines chemischen Signals, das anzeigt, daß es sich bei der Beute um lebendes organisches Material handelt. Als Schlüsselreiz dient ein einfaches Eiweißmolekül, das aus drei Aminosäuren bestehende Glutathion, falls es in reduzierter und nicht in oxydierter Form vorhanden ist (Lenhoff 1974). Dieses Tripeptid ist in der Haut des lebenden Wasserflohs enthalten und oxydiert, sobald der Wasserfloh stirbt, wodurch der Signalcharakter verlorengeht. Dieser einfache Mechanismus ermöglicht es der Hydra, ihren Mund nur im biologisch sinnvollen Augenblick zu öffnen, nämlich dann, wenn die Tentakel lebendes organisches Material zuführen.

Die einfachsten Tiere mit einem zentralisierten Nervensystem, d.h. mit einer hirnähnlichen Struktur, die das Verhalten koordiniert, sind die Plattwürmer. Als häufigste freilebende Form wären die Planarien (Abb. 8) zu erwähnen.

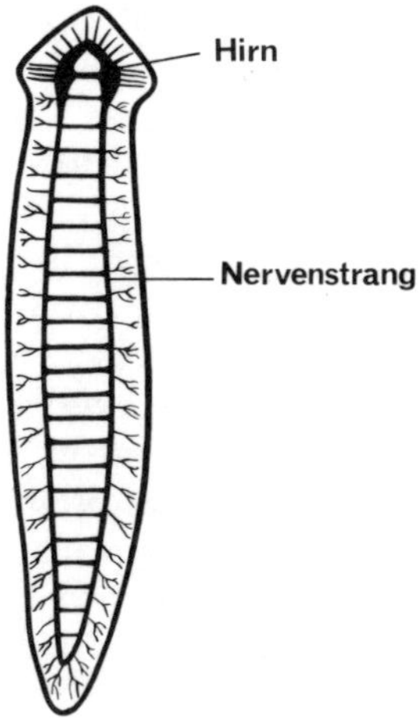

Abb. 8: Ein einfaches zentralisiertes Nervensystem findet man bei den Plattwürmern, hier dargestellt am Beispiel des Strudelwurms *Planaria*. Die Funktionsgleichheit der Nervenzellen ist hier bereits durch eine gewisse Hierarchie und Strukturierung abgelöst.

Diese Tiere sind besonders interessant, weil sie eine Assoziation zwischen einem Lichtreiz und einem elektrischen Schock erlernen können. Auf einen elektrischen Reiz reagieren sie mit Kontraktionsbewegungen. Präsentiert man nun solchen Tieren wiederholt einen Lichtblitz, gefolgt von einem elektrischen Reiz, so zeigen sie bald Kontraktionsbewegungen, auch wenn nur der Lichtblitz allein dargeboten wird. Teilt man ein derart trainiertes Tier in zwei Hälften, so regenerieren beide Hälften zu einem ganzen Tier. Beide scheinen sich dann dieser Licht-Schock-Assoziation zu erinnern.

Die meisten höheren Wirbellosen (Invertebraten) haben ein stark zentralisiertes Nervensystem. Dies gilt besonders für Gliederfüßler (Arthropoden) wie Insekten, Spinnen und Krabben, sowie für Schnecken, Tintenfische und segmentierte Würmer. Ihr Gehirn funktioniert als Integrator, der gewisse eintreffende Signale auswählt, während er andere hemmt oder unterdrückt. Entfernt man zum Beispiel bei einem Regenwurm das Gehirn, so kann er sich immer noch bewegen wie zuvor, aber an einem Hindernis angelangt, beharrt er darauf, geradeaus zu kriechen, anstatt sich zur Seite zu drehen. Er kann also ohne Gehirn keine adaptiven Bewegungen mehr ausführen.

Gehirnorganisation der Wirbeltiere

Betrachten wir die Evolution des Nervensystems bei den Wirbeltieren. Zu dieser Gruppe gehören Fische, Amphibien, Reptilien, Vögel und Säuger. Das Nervensystem all dieser Formen ist grundsätzlich sehr ähnlich, Unterschiede gibt es eigentlich nur in der Ausbildung einzelner Hirnregionen. Funktionell gesehen besitzen alle Wirbeltiere ein sogenanntes Drei-Neuronen-Nervensystem, das die folgenden drei Typen von Nervenzellen enthält (Abb. 9): 1. Sensorisches oder Sinnesneuron, 2. Intermediäres Neuron, 3. Motorisches oder Motoneuron.

Die sensorischen Neuronen führen dem Gehirn die Sinnesinformation zu. Die Zellkörper der sensorischen Neuronen liegen in der Regel außerhalb des Zentralnervensystems, d.h. außerhalb von Gehirn und Rückenmark; so befinden sich beispielsweise für den Gesichtssinn die sensorischen Neuronen in der Netzhaut des Auges. Die intermediären und motorischen Neuronen dagegen liegen innerhalb des Zentralnervensystems. Der sensorische *Input* wird durch die intermediären Neuronen verarbeitet. Der aus dieser Verarbeitung hervorgehende *Output* führt dann über die Motoneuronen zu den Effektorzellen, die entweder Muskel- oder Drüsenzellen sind. Die Evolution vollzog sich vor allem in den intermediären Neuronen. Das Zentralnervensystem des Menschen besitzt etwa 20 Milliarden Nervenzellen, davon nur etwa 1 bis 2 Millionen Motoneuronen und etwa 2 bis 4 Millionen sensorische Neuronen.

Ähnlich wie die Drähte in einer Telefonzentrale sind auch die Axone der Nervenzellen in größere Einheiten gebündelt, die entweder Nerven oder Bahnen genannt werden, je nachdem, ob sie außerhalb oder innerhalb des Zentralnervensystems liegen. Die zum Zentralnervensystem führenden Nerven sowie die darin aufsteigenden Bahnen werden als Afferenzen bezeichnet, die absteigenden Bahnen und die zu den Effektoren führenden Nerven als Efferenzen.

Das Gehirn eines Wirbeltieres, das unterhalb der Stufe der Säuger steht (Sauropside), ist schematisch in Abbildung 10 dargestellt. Bei jedem Wirbeltiergehirn unterscheidet man fünf verschiedene Abschnitte, nämlich Rückenmark, Hirnstamm (bestehend aus Medulla, Pons und Mittelhirn), Kleinhirn, Zwischenhirn und Vorderhirn. Die unterhalb des Mittelhirns gelegenen Hirnstrukturen änderten sich im Verlaufe der Evolution kaum. Das Rückenmark ist wich-

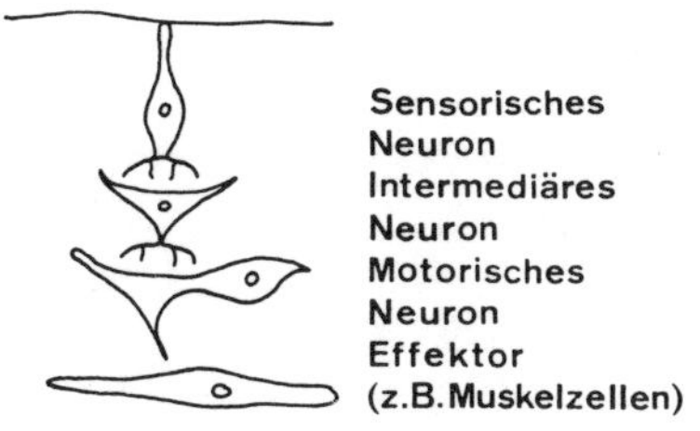

Abb. 9: Schematische Darstellung des für die Vertebraten typischen Drei-Neuronen-Nervensystems. Die Einteilung der Nervenzellen in sensorische, intermediäre und motorische Neuronen erfolgt aufgrund ihrer Funktion.

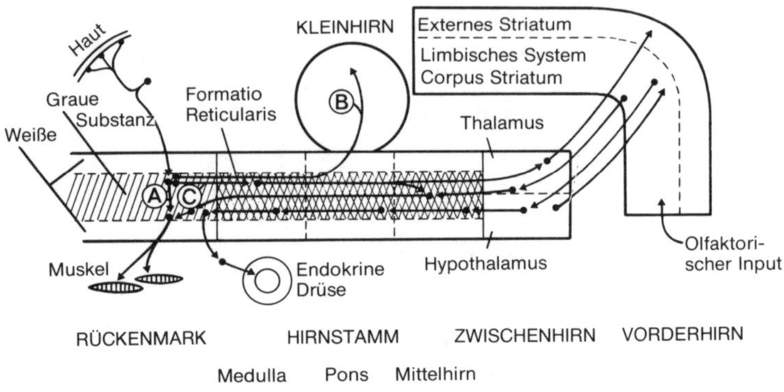

Abb. 10: Schematische Darstellung des Gehirns von Wirbeltieren, die unterhalb der Stufe der Säuger stehen (Sauropsiden). Die 5 Hauptabschnitte sind: Rückenmark, Hirnstamm (bestehend aus Medulla, Pons und Mittelhirn), Kleinhirn, Zwischenhirn und Vorderhirn. Die anfallende Sinnesinformation wird auf 3 Informationskanäle verteilt: (A) lokale Reflexbogen im Rückenmark; (B) Kleinhirn-Seitenstrangbahnen; (C) Verbindung vom Rückenmark zum Thalamus und Vorderhirn.

tig für lokale Reflexe und für die Weiterleitung der Nervenimpulse zu und von den höheren Zentren. Das Kleinhirn reguliert und koordiniert die Bewegungen; es ist entsprechend der Körpergröße besonders groß bei bewegungsaktiven Tieren wie Vögeln und schnell schwimmenden Fischen. Der Hirnstamm ist für die Grundfunktionen des Lebens verantwortlich; hier befinden sich lebenswichtige Zentren, welche unsere räumliche Stabilität (Körperhaltung) sowie, assistiert vom Hypothalamus, die Stabilität des inneren Milieus garantieren. Der meiste sensorische *Input* führt am Hirnstamm vorbei und kann somit durch diesen Hirnabschnitt beeinflußt werden. Die Funktion des Hirnstamms könnte man mit der eines Hausmeisters vergleichen. Er sorgt dafür, daß ein Gebäude ordnungsgemäß benutzt werden kann, und ist zur Stelle, wenn irgend etwas nicht klappt. Zwischenhirn und Vorderhirn sind für die zeitliche Stabilität verantwortlich. Sie ermöglichen das zielgerichtete Verhalten der Wirbeltiere. Diese Strukturen entscheiden, was zu welchem Zeitpunkt getan wird. Der im

Zwischenhirn gelegene Thalamus ist eine Relaisstation zum Vorderhirn: Jede Sinnesinformation – mit Ausnahme der Geruchsinformation – muß über den Thalamus laufen. Das Vorderhin enthält zusätzlich die höchsten Assoziationszentren, beim Menschen das Bewußtsein.

Im Zentralnervensystem jedes Wirbeltieres kann man drei verschiedene Kanäle für anfallende Sinnesinformationen unterscheiden. Der erste Informationskanal umfaßt die lokalen Reflexbogen im Rückenmark. Wenn wir mit der Hand einen heißen Gegenstand berühren, dann ziehen wir den Arm sofort zurück. Der Befehl für diese Bewegung geht vom Sinnesneuron direkt ins Rückenmark und gelangt dort über ein Interneuron zum entsprechenden Motoneuron. Schmerzempfindung und erfolgte Ausführung der Rückzugsreaktion werden den höheren Zentren über Bahnen, die mehrere Synapsen aufweisen, nachträglich mitgeteilt. Der zweite Informationskanal führt vom Rückenmark über die Kleinhirnseitenstrangbahnen ins Kleinhirn und dient der Bewegungskoordination. Der dritte Informationskanal schließlich führt vom Rückenmark über den Palaeolemniscus in den Thalamus. Wie bereits erwähnt, leitet der Thalamus diese Sinnesinformation ins Vorderhirn weiter, das sie zur Organisation des Verhaltens analysiert und verarbeitet.

Auf der *Output*- oder motorischen Seite kennen wir heute mehrere absteigende Bahnen, die von den höheren Zentren zu den Motoneuronen und den Effektorzellen führen. Die der Bewegung dienende quergestreifte Muskulatur wird durch das sogenannte somatische Nervensystem betätigt, das auch die Informationen der Sinnesorgane aufnimmt. Die glatte Muskulatur der inneren Organe sowie die endokrinen Drüsen dagegen werden durch die Antagonisten Sympathikus und Parasympathikus versorgt. Diese bilden den motorischen Anteil des sogenannten vegetativen oder autonomen Nervensystems, dessen oberstes Kontrollorgan der Hypothalamus ist. Das vegetative Nervensystem verfügt, wie das den höheren Funktionen dienende somatische Nervensystem, über einen zentralen Anteil, der die Informationsverarbeitung besorgt, sowie einen peripheren Anteil, der die Verbindungen zu den vegetativen Rezeptoren und Effektoren vermittelt.

Neuerwerbungen des Säugergehirns

Betrachten wir den Weg der Evolution von den Sauropsiden zu den Säugern. Wird in der Technik ein neues Gerät konstruiert, so wird eine neue Grundkonzeption entwickelt und neues Material verwendet. Wollen wir statt schwarzweiß in Farbe fernsehen, so entfernen wir das alte Gerät und schaffen ein neues an. Die Natur dagegen wählt den umgekehrten Weg: Das neue System wird über das alte aufgebaut, die alten Funktionen werden weiterhin benutzt und durch das neue System modifiziert. Wir würden uns in gleicher Weise verhalten, wenn wir in unserem Fernsehbeispiel in den Schwarzweißfernseher einen Adapter für Farbfernsehen einbauen würden.

Strukturelle Neuerwerbungen der Säuger (Abb. 11) sind zunächst die großen neosensorischen Kerne im Rückenmark und Gehirn, die Sinnesinformation aus der Peripherie aufnehmen. Beim Menschen ist die Haut nicht mehr mit

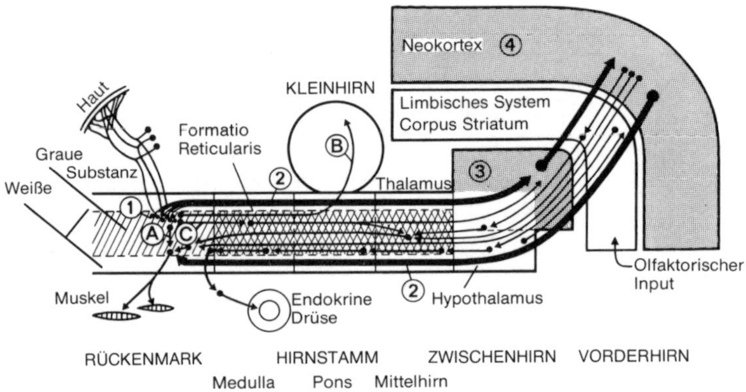

Abb. 11: Schematische Darstellung des Säugergehirns. Man beachte die folgenden Neuerwerbungen: 1. neosensorische Kerne; 2. direkte aufsteigende (Lemniscus) und absteigende (Pyramidenbahn) Verbindungen; 3. Neothalamus; 4. Neokortex. A, B und C (s. Legende zu Abb. 10).

Schuppen, Federn oder einem dichten Haarpelz bedeckt, sondern, relativ ungeschützt, mit sehr empfindlichen Tast-, Druck-, Schmerz- und Temperaturrezeptoren versehen. Die sensorischen Kerne für diese Rezeptoren sind entsprechend gut entwickelt. Aufgrund dieser strukturellen Gegebenheiten erstaunt es wohl kaum, daß die Haut für uns Menschen ein wichtiges Sinnesorgan ist. So zeigen wir Zuneigung durch physischen Kontakt, und zwar mit Körperstellen, die besonders sensibel sind. Körperlicher Kontakt wirkt ferner beruhigend in Streßsituationen. So flieht ein erschrecktes Kind zu seiner Mutter und schmiegt sich ihr fest an.

Eine weitere Neuerwerbung bilden zwei schnell leitende, direkte Bahnen im Nervensystem. Diese sind dem Hi-Fi-System vergleichbar, denn auch für das Nervensystem gilt: Je direkter die Verbindung, um so weniger Signalrauschen und Verzerrung. Die direkte Informationsübermittlung von unten nach oben oder von oben nach unten – also die Umgehung des ›Dienstweges‹ – ist evolutionsgeschichtlich etwas sehr Modernes. Die eine der beiden Bahnen ist eine aufsteigende oder *sensorische Bahn*. Sie wird Lemniscus genannt und übermittelt die Sinnesinformation von den sensorischen Kernen ohne Zwischenschaltungen direkt dem Thalamus. Die andere Bahn ist eine absteigende oder *motorische Bahn*. Sie ist eigentlich erst beim Menschen voll entwickelt und dient der Willkürbewegung. Sie heißt auch Pyramidenbahn und führt vom motorischen Kortex (Rinde des Vorderhirns) bis hinunter ins Rückenmark und gibt so dem Kortex eine direkte Kontrolle über motorische Funktionen. Dieses Pyramidenbahn-System überlagert das bereits bei den Sauropsiden vorhandene extrapyramidale System, das die Haltefunktionen sowie die nicht unmittelbar bewußt ablaufenden Bewegungsabläufe steuert. Die funktionelle Beziehung zwischen den beiden motorischen Systemen besteht darin, daß das extrapyramidale System das pyramidale entlastet. Komplexe Bewegungsmuster wie z. B. das Schreiben werden zuerst mit dem Pyramidenbahn-System eingeübt und dann nach und nach dem extrapyramidalen System übertragen. Dadurch wird der Kortex und damit das Bewußtsein entlastet, es kann sich auf den Gedankengang konzentrieren. Die Intention, eine eingeübte Bewegung durchzuführen, bleibt willkürlich, der Bewegungsablauf dagegen wird nach erfolgter Automatisierung durch das extrapyramidale System gesteuert.

Als dritte Neuentwicklung finden wir den Neothalamus. Beim Säuger steht dem größeren Angebot an sensorischer Information ein besser entwickelter Thalamus gegenüber, der als Relaisstation zum Kortex fungiert.

Der Neokortex, auch Hirnrinde oder kurz Kortex genannt, stellt schließlich die vierte und wichtigste Neuerwerbung der Säuger dar. Beim Menschen ist er so groß, daß er die anderen Hirnabschnitte ganz überdeckt. Überdies ist der menschliche Kortex sehr stark gefaltet, was seine Oberfläche beträchtlich vergrößert. An der Hirnoberfläche sieht man mehr oder weniger stark geschlängelte Hirnwindungen, die von Furchen begrenzt werden.

Funktionell teilt man die Hirnrinde aufgrund der Ergebnisse elektrophysiologischer Untersuchungen in sensorischen Kortex, motorischen Kortex und Assoziationskortex ein. Elektrische Stimulation im sensorischen Kortex bewirkt eine entsprechende Sinnesempfindung (die Sinnesbahnen projizieren in dieses Gebiet); Stimulation im motorischen Kortex dagegen löst über die von dort absteigenden motorischen Bahnen Zuckungen an den zugehörigen Muskelgruppen aus. Sensorischer und motorischer Kortex sind schließlich dem Assoziationskortex untergeordnet. Dieser hat keine direkten Verbindungen zur Peripherie, er verknüpft in erster Linie die verschiedenen Kortexfelder untereinander. Der Assoziationskortex ist Sitz der höchsten Integrations- und Koordinationsfunktionen. Die elektrische Reizung dieses Gebiets löst keine beobachtbaren Reaktionen aus. Bei niederen Säugern, etwa bei Ratten, besteht praktisch die gesamte Hirnrinde nur aus motorischem und sensorischem Kortex. Im Verlauf der Evolution aber wurde der Anteil des Assoziationskortex zunehmend größer.

Auch morphologisch lassen sich die verschiedenen Kortexformen unterscheiden. Je nach Funktion des betreffenden Abschnittes sind die inneren fünf der insgesamt sechs Kortexschichten unterschiedlich stark entwickelt (Abb. 12).

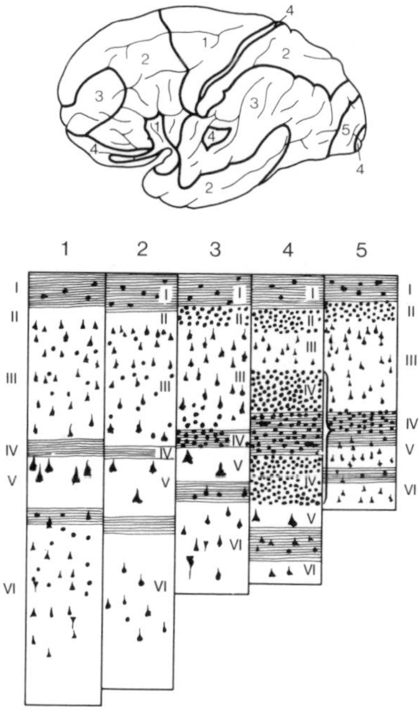

Abb. 12: Ausbreitung (oben) und histologische Struktur (unten) der wichtigsten Typen von Neokortex (1. agranulärer Kortex; 2. frontaler Kortex; 3. parietaler Kortex; 4. granulärer Kortex; 5. polarer Kortex), wie sie sich aufgrund von zyto- und myeloarchitektonischen Unterschieden in den einzelnen Schichten (I. Molekularschicht; II. äußere Körnerschicht; III. äußere Pyramidenschicht; IV. innere Körnerschicht; V. innere Pyramidenschicht; VI. Spindelzellschicht) differenzieren lassen (nach Economo, 1929).

Die äußerste, erste Schicht, die sogenannte Molekularschicht, ist bei allen Kortexformen ähnlich aufgebaut und besteht vor allem aus Fasern, d.h. aus *Axonen* und *Dendriten*. Diese verlaufen parallel zur Oberfläche und können auf kleinstem Raum, ähnlich wie die Verbindungen bei einer gedruckten Schaltung, extrem viele Verknüpfungen vornehmen. Die zweite und vierte Schicht, auch als äußere und innere Körnerschicht bezeichnet, sind vorwiegend Endigungsgebiet für kortikale Afferenzen und deshalb besonders dick im sensorischen Kortex. Die dritte, fünfte und sechste Schicht – die auch äußere und innere Pyramidenschicht sowie Spindelzellschicht heißen – liefern die Efferenzen. Sie sind besonders ausgeprägt im motorischen Kortex. Der sensorische Kortex, der viele Körnerzellen, aber weniger Pyramidenzellen aufweist, wird als granulärer Kortex bezeichnet, der aus wenigen Körnerzellen und vielen Pyramidenzellen bestehende motorische Kortex dagegen als agranulärer Kortex. Der zytologische Aufbau der übrigen Areale liegt zwischen diesen beiden Extremen (s. Abb. 12). Die Mikrostruktur der Hirnrinde schließlich besteht aus Gruppen von miteinander verknüpften Nervenzellen, die senkrecht zur Kortexoberfläche stehende Säulen bilden. Diese als ›Module‹ bezeichneten Säulen haben im Durchschnitt eine Querschnittsfläche von etwa 0,2 mm^2, ihre Ausdehnung reicht durch alle sechs Kortexschichten. Sie stellen nicht nur strukturelle, sondern auch funktionelle Grundeinheiten der Hirnrinde dar.

Auswirkungen der morphologischen Entwicklung auf das Verhalten

Die Konsequenzen der morphologischen Entwicklung auf das Verhalten sind in Abbildung 13 zusammengestellt, wobei wir uns wiederum auf die Wirbeltiere beschränken. Das Bild soll veranschaulichen, wie einzelne Fähigkeiten im Verlaufe der Evolution auftraten und dann erhalten blieben, wenn sie für das Individuum evolutiv vorteilhaft waren. Die Evolutionsstufe, in der diese Fähigkeiten erstmals auftraten, ist nicht immer leicht zu bestimmen. Gewählt wurde jeweils die Stufe, auf der die betreffende Fähigkeit besonders typisch ausgebildet ist. Selbstverständlich gibt es viele dieser Fähigkeiten auch bei Invertebraten, zum Beispiel bei Insekten. Die Evolution ist auch bei den andern Tierstämmen nicht stehengeblieben, auch gibt es Parallelentwicklungen.

Die primitiven Chordaten, eine Vorstufe der Wirbeltiere, zu denen die aalartig aussehenden Neunaugen *(Petromyzonidae)* gehören, zeichnen sich durch große Beweglichkeit und durch bilaterale Symmetrie aus. Spezialisierte Sinnessysteme, vor allem für Sehen und Hören, finden wir bereits bei Fischen. Sie erhöhen die Fähigkeit zur Kommunikation mit Artgenossen und Umwelt, auch ist die Lernfähigkeit gesteigert, so daß mehr als nur bloßes Assoziationslernen möglich wird. Bei den Amphibien vollzog sich der Übergang vom Wasser- zum Landleben. Es bildeten sich Extremitäten und äußeres Ohr. Bereits deutliche Schlaf- und Wachphasen können festgestellt werden. Bei den Reptilien wurden Fortpflanzung und Atmung vollständig an das Landleben angepaßt. Auf die Vögel brauchen wir nicht einzugehen; sie bilden eine Parallelentwicklung, die sich zu einem späteren

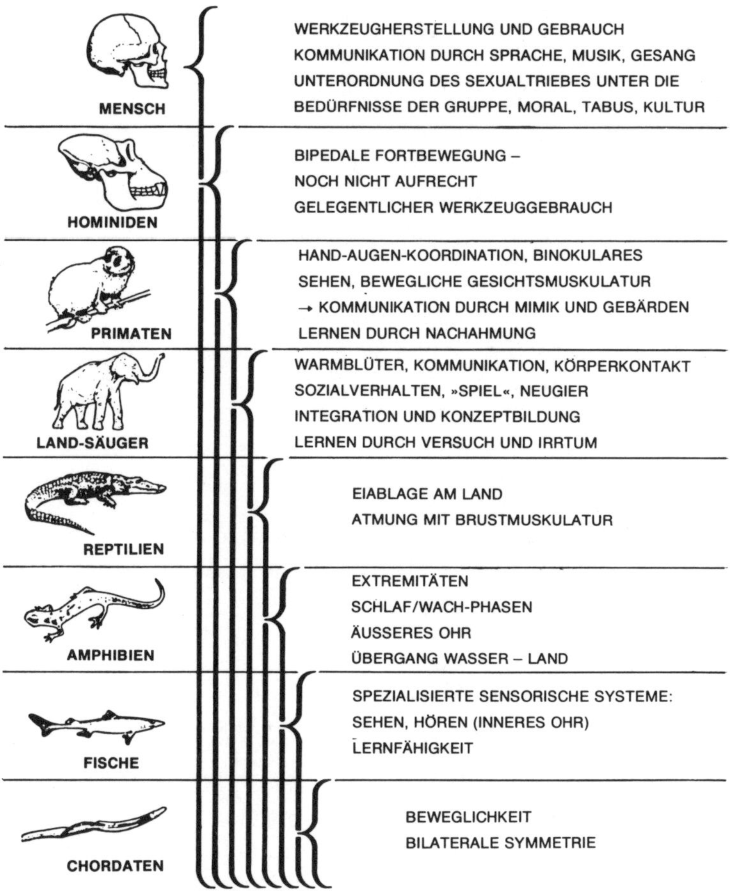

Abb. 13: Die Evolution des Verhaltens bei den Wirbeltieren. Die Klammern veranschaulichen, wie die auf den tieferen Stufen auftretenden Eigenschaften auch auf höheren Stufen noch vorhanden sind (nach Hockett, 1960).

Zeitpunkt von den Reptilien abspaltete als die Entwicklungslinie, die zum Menschen führt.
Bedeutende Entwicklungen weisen die Säuger auf. Wir finden bei ihnen Sozialverhalten, Kommunikation und ein charakteristisches Spielverhalten. Sie besitzen eine für sie typische Neugier, was sich auf die Integration der Sinneseindrücke auswirkt, die Konzeptbildung fördert und bereits heuristisches Handeln und Lernen durch Versuch und Irrtum ermöglicht.
Bei den Primaten schließlich entwickelten sich die fünffingrige Hand, wie auch der Mensch sie besitzt, das binokulare Sehen und die motorische Hand-Augen-Koordination. Die bewegliche Gesichtsmuskulatur ermöglicht die Kommunikation durch Mimik. Affen sind darüber hinaus bekannt für das sogenannte ›Nachäffen‹, d.h. sie lernen sehr gut durch Nachahmung.
Die Hominiden, die vor einigen Millionen Jahren lebten, wechselten auf die bipedale Fortbewegung, gingen aber noch nicht aufrecht. Sie zeigten bereits gelegentlichen Werkzeuggebrauch, indem sie etwa Steine oder Stecken ergriffen, um so ihre Muskelkraft effektvoller einzusetzen. Große Evolutionsvorteile brachten schließlich die Werkzeugherstellung und der Werkzeuggebrauch der ersten wirklichen Menschen, auch die Bildung von gut organisierten sozialen Gruppen mit der Sprache als besonders effizientem Kommunikationsmittel.

Biologische Intelligenz, Bewußtsein und soziale Systeme

Die morphologische Entwicklung des Gehirns ermöglichte die Entstehung von Fähigkeiten, die man gemeinhin mit den Begriffen Intelligenz und Bewußtsein bezeichnet. Beides sind Eigenschaften der höheren Wirbeltiere und weisen auf eine evolutionsgeschichtliche Vergangenheit. Eine Definition von Intelligenz und Bewußtsein zu geben ist sehr schwierig, verschiedene Ansätze verweisen auf unterschiedlichste Erkenntnisinteressen. In unserem Zusammenhang wollen wir Intelligenz definieren als die allgemeine Fähigkeit eines Individuums, in einer sich verändernden Umwelt ökonomische Anpassungsleistungen zu erbringen. Dieser subjektive Anpassungsprozeß kann sowohl aktiv als auch passiv erfolgen. Niedere Lebewesen sind in der Regel ihren Lebensbedingungen ausgeliefert, d.h., sie werden von ihrer Umwelt beherrscht. Mit fortschreitender Evolution tritt eine vermehrte aktive Anpassung und damit eine Verselbständigung und Behauptung gegenüber der Umwelt in Erscheinung, etwa durch den Bau von geschützten Brut- und Schlafplätzen. Der Organismus verändert in der Weise seine Lebensbedingungen, daß sie seinen Bedürfnissen entgegenkommen. In seiner letzten Konsequenz unterwirft sich der Mensch die gesamte Natur und paßt sie seinen Bedürfnissen an. Dabei versucht er auch Kontrolle über seine eigenen Artgenossen zu gewinnen. Dies ist bereits im Tierreich vorgebildet. Hier wie dort wird die Macht über Gleichartige durch gesellschaftliche Spielregeln festgelegt bzw. geregelt. Das einfachste Mittel zur Durchsetzung eigener Bedürfnisse ist die Anwendung von Gewalt. Unter Einsatz von Intelligenz aber scheint es möglich, auf offene Gewalt verzichten zu können, indem überzeugendere Lösungen angeboten werden, die alle befriedigen, wobei sicher manche gesellschaftliche Spielregel geschickt ausgenutzt wird. Wie jede Errungenschaft, so läßt sich auch Intelligenz für moralisch gute wie moralisch schlechte Zwecke einsetzen. Die oben angegebene Fähigkeit zur Anpassung beinhaltet dabei die Frage, ob im gegebenen Fall aktiv oder passiv operiert werden soll, aber auch die Überlegung, ob momentane Vorteile nicht später schwerwiegende Nachteile nach sich ziehen, die sowohl das Individuum selbst, aber auch die ganze Population treffen können. Gesellschaftliche Normen wie Verhaltensregelungen müssen dafür sorgen, daß die Bedürfnisse eines einzelnen aufgrund seines Intelligenzvermögens nicht allzusehr auf Kosten der Allgemeinheit sich durchsetzen.

Als Bewußtsein bezeichnen wir hier die Fähigkeit eines Lebewesens, sich ein Modell oder ein hypothetisches Bild von seiner Umwelt zu entwerfen. Diese Fähigkeit inter-

agiert mit der Intelligenzfähigkeit, ist quasi eine Voraussetzung für sie. Wir wollen deshalb beide Fähigkeiten in ihrer gegenseitigen Wechselwirkung betrachten.
Intelligenz und Bewußtsein bilden die Voraussetzung für jegliche Form von geistiger Tätigkeit. Sie äußern sich in der Art, wie man die Welt kennenlernt, kennt bzw. mit Erwartungen verbindet. Diese Kenntnisse sind von Bedeutung, wann immer man bei veränderten Situationen Anpassungen vollziehen muß. Biologische Intelligenz ist so nichts anderes als die Fähigkeit, eine perzeptive Welt zu bilden, damit Stimulationsprozesse durchzuführen und adäquate Erwartungen abzuleiten. Das durch das Nervensystem als Abbild oder Entwurf der Umwelt konstruierte Modell gestattet dem Organismus, sensorische Prozesse zu interpretieren und motorische auszuführen. Nach v. Uexküll (1909) ist die »Umwelt«, auf die sich ein Tier bezieht, artspezifisch und sehr viel ärmer als die es objektiv umgebende Wirklichkeit. Berücksichtigt werden nur bestimmte Merkmale und Eigenschaften der Umwelt, die aber – wie die Schatten in Platons Höhlengleichnis – als Wirklichkeit interpretiert werden und die Erlebniswelt des betreffenden Organismus bilden. Das Dreistachelige Stichlingmännchen *(Gasterosteus aculeatus)* beispielsweise greift während der Fortpflanzungszeit nicht nur allfällige Rivalen, sondern auch eine in sein Revier gehaltene einfache Holzscheibe an, wenn diese auf der Unterseite rot angemalt ist. Ein naturgetreues Modell eines Stichlingmännchens, dem die für die Fortpflanzungszeit charakteristische rote Unterseite fehlt, löst in der Regel keine derartige Reaktion aus (Tinbergen 1951).
Ähnlich wie die biologische Evolution zweckmäßige Anpassung dadurch hervorbringt, daß sie verschiedene Lebensformen erzeugt und quasi ausprobiert, welche im Kampf ums Dasein reüssieren, erzielt auch die biologische Intelligenz Anpassungsleistungen. Sie setzt verschiedene Verhaltensweisen ein und wertet die dabei gemachten Erfahrungen aus. Der Unterschied zur Evolution besteht aber darin, daß Intelligenz für neue Erfahrungen keine derart großen Zeiträume benötigt, wie sie für die biologische Evolution er-

forderlich sind. Sie vergleicht vielmehr blitzschnell gespeicherte und neu eintreffende Informationen miteinander, leitet Erwartungen ab und bringt geeignet erscheinende Verhaltensweisen hervor. Erfolg und Mißerfolg bestimmen dabei dieses Verhalten und ermöglichen dem Organismus, sich so gut wie möglich an seine Lebensaufgaben anzupassen. Bei diesem Optimierungsprozeß spielt allerdings nicht nur das Ausmaß der erreichten Anpassung, sondern auch die dazu erforderliche Zeit eine wichtige Rolle.

Ein weiteres generelles Merkmal von Intelligenz ist die Fähigkeit zur Voraussicht oder Erwartung. Diese geistige Fähigkeit setzt bereits ein Mindestmaß an eigenem Bewußtsein voraus. Im Gegensatz zur Intelligenz besitzt die biologische Evolution weder Voraussicht noch Bewußtsein. Obwohl sie eine dem Phänomen Leben inhärente Zielgerichtetheit aufzuweisen scheint, können wir ihren Verlauf nicht voraussehen, höchstens im nachhinein erklären. Bei den niederen Wirbeltieren (Fische, Amphibien, Reptilien) bestehen klare *Input-Output*-Relationen, die sich in angeborenen Verhaltensprogrammen äußern. Das Verhalten dieser Tiere ist äußerst stereotyp, es besteht vermutlich bloß so etwas wie ein ›prähistorisches‹ Bewußtsein. Verdreht man bei einem Frosch das Auge um 180°, so schnappt er in die entgegengesetzte Richtung, wenn dieses Auge eine Fliege sieht. Höhere Wirbeltiere und der Mensch dagegen sind in der Lage, eine – etwa durch das Aufsetzen von Umkehrbrillen herbeigeführte – Umkehrung zu kompensieren.

Die Fähigkeit, zwischen *Input* und *Output* eine interpretierbare Welt zu bilden, entwickelte sich teilweise erst bei den Vögeln, sicher aber bei den Säugern. Nach Harry Jerison (1973) kann man sich die Entwicklung von den niederen zu den höheren Wirbeltieren als einen dreistufigen Prozeß vorstellen. Die erste Stufe begann, als gewisse Reptilienarten, die später die Vorstufe zu den Säugern bildeten, in die Nachtnischen verdrängt wurden. Als Fernsinne für das Nachtleben entwickelten sich Gehör- und Geruchssinn, während das bei den niederen Wirbeltieren vorherrschende visuelle System zurückgebildet wurde und das Farbsehen verlorenging. Um Töne im Raum lokalisieren zu können, ist nicht nur je ein links- und rechtsseitiger Rezeptor, sondern auch ein zentrales Integrationssystem, das mindestens bis auf die Stufe des Mittelhirns reicht (Goldberg, Greenwood 1966), notwendig. Es mußten deshalb entsprechende Hirnstrukturen entwickelt werden, da die Informationsverarbeitung nicht mehr – wie beim visuellen System der Reptilien und Amphibien – vorwiegend in der Peripherie durchgeführt werden konnte.

Die zweite Stufe erfolgte vermutlich ungefähr gleichzeitig mit der ersten und bestand in einer Anpassung des visuellen Systems an das Nachtleben. Es entstand die typische Stäbchenzellenretina der Säuger, die im Halbdunkel und bei Mondlicht ein grobes Umrißsehen und ein ausgezeichnetes Bewegungssehen vermittelt. Die Verlagerung der Augen nach vorn bzw. die daraus resultierende Überlagerung der beiden Gesichtsfelder gestattete die Entwicklung einer »Komparatorschaltung«, die das »Eigenrauschen« der beiden Retinae gegenseitig unterdrücken und dadurch die Lichtempfindlichkeit um rund das Zehnfache steigern konnte (Fremlin 1972).

Die dritte Stufe begann, als sich mit dem Aussterben der Reptilien die Säuger ausbreiteten und zu landlebenden Tagtieren wandelten. Das visuelle System bildete einen neuen Fernsinn aus, wobei die Informationsverarbeitung – im auditiven System bereits ausprobiert – jetzt zentral erfolgte. Es entwickelte sich ein feines Formsehen, schließlich trat auch das Farbsehen wieder auf. Die Zapfenzellen der höheren Primaten entstanden sehr wahrscheinlich aus den Stäbchenzellen der Säugerretina und sind mit den Zapfenzellen der Reptilienretina vermutlich nicht homolog (Walls 1942).

Die dritte Stufe ist durch ein exponentielles Wachstum der höheren Hirnstrukturen gekennzeichnet. Dadurch entstanden weitere integrative Funktionen, diesmal oberhalb des Mittelhirns. Die Integration von Tönen zu einer Melodie scheint bei Katzen und Primaten eine kortikale Funktion zu sein, ebenso die durch den visuellen Kortex ermöglichte Musterunterscheidung. Auch begann das Nervensystem, die von den verschiedenen Sinnesmodalitäten zugeführten Informationen zu koordinieren. Aus Reizmustern wurden ›Objekte‹, die bei Transformationen in Raum und Zeit eine gewisse ›Konstanz‹ oder ›Invarianz‹ aufwiesen. ›Raum‹ und ›Zeit‹ konnten dadurch wahrgenommen werden, es entstand ›Bewußtsein‹.

Beim Menschen erfolgte eine weitere Entwicklung im auditiven System, indem ein motorisches und sensorisches System für die Sprache entstand. Die mit der Sprache im Zusammenhang stehende Fähigkeit, Begriffe zu bilden und Denkoperationen durchzuführen, führte zu der Möglichkeit, Handlungsabläufe auch geistig durchzuexerzieren. Motorisches Verhalten ist dabei erst dann erforderlich, wenn man durch Einsicht das am zweckmäßigsten erscheinende Verhalten ermittelt hat, womit sich Zeit und Energie sparen läßt.

Für die höheren Wirbeltiere und speziell für den Menschen wurden die Informationsverarbeitungsfähigkeiten des Gehirns, insbesondere die Intelligenz, zu dem entscheidenden Evolutionsfaktor. Mit fortschreitender Evolution war das Überleben nicht mehr nur an körperliche Stärke gebunden, sondern auch an Intelligenz. Und abgesehen von der körperlichen Konstitution gelang dem die Ausnutzung seiner genetischen Überlegenheit am besten, der sich intelligent verhielt.

Noch einmal vermochte sich die biologische Verhaltenskapazität über das bereits Erreichte hinauszusteigern, indem intelligente Individuen sich gesellschaftlich organisierten. Das daraus resultierende soziale System, dessen Struktur wiederum am beobachtbaren Verhalten erkennbar wird, steht jetzt auf einer neuen, der unmittelbar wirkenden Natur selbst übergeordneten Stufe. Diese blieb und bleibt aber mit dem biologischen System in einer ständigen Wechselbeziehung, ist auf dieses angewiesen und muß dessen Gesetzmäßigkeiten befolgen, um entstehen und fortbestehen zu können. Analog dazu stehen Lebewesen über der unbelebten Natur, sind aber zu ihrer eigenen Existenz auf die Materie angewiesen und können deren Gesetzmäßigkeiten nicht umgehen.

Biologische Verhaltenskapazität und Gesellschaft bilden

wesentliche Rahmenbedingungen des individuellen Handlungsspielraums des Menschen. Diese beiden Größen beeinflussen einander und unterliegen auch heute noch einem ständigen Entwicklungsprozeß, wobei allerdings gesellschaftliche Veränderungen viel rascher erfolgen als biologische.

Entwicklung des Menschen

Die Entstehung des heutigen Menschen aus einer Entwicklungslinie der höheren Primaten kann man sich als einen zweistufigen Prozeß vorstellen. Die erste Phase bestand aus einem ständig zunehmenden Größenwachstum des Gehirns (Abb. 14), die zweite ist durch eine noch stärkere Akzeleration gekennzeichnet. Die Gehirngröße hatte eine kritische Schwelle erreicht und löste durch Weitergabe von Erlerntem eine äußerst eindrückliche geistige und kulturelle Entfaltung aus, die die biologische Evolution mehr und mehr überlagerte.

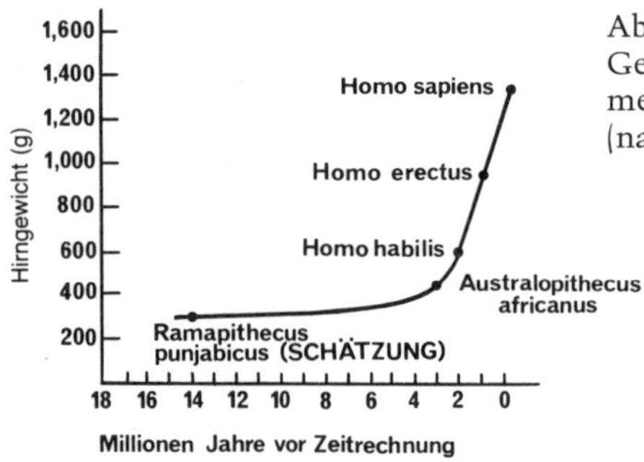

Abb. 14: Größenwachstum des Gehirns im Verlaufe der menschlichen Entwicklung (nach Pilbeam, 1972).

Größenwachstum des Gehirns

Die stammesgeschichtliche Abspaltung der menschlichen Entwicklungslinie von den Uraffen erfolgte vor mindestens 10 Millionen Jahren. Zur Familie der Hominiden zu zäh-

lende Wesen verlegten damals ihren Lebensbereich nach und nach vom tropischen Urwald in die Savanne. Als erste Urmenschen betrachtet man meistens die Australopithecinen. Zwei Arten dieser Gattung lebten rund 4 Millionen Jahre lang gleichzeitig nebeneinander, wobei im Verlauf dieser sehr langen Zeitspanne offenbar nur geringfügige Veränderungen stattfanden. Das Hirngewicht der Australopithecinen war nicht größer als jenes der heutigen Menschenaffen, beim Schimpansen etwa 330–420 g, beim Gorilla 400–500 g. Zieht man jedoch ihr geringes Körpergewicht mit in Betracht, so standen die Australopithecinen schon deutlich höher als die heutigen Menschenaffen. Diese haben noch immer etwa dieselbe Hirngröße wie jene Uraffen, von denen sich die menschliche Entwicklungslinie abspaltete.
Der erste Vertreter der Gattung *Homo,* der *Homo habilis,* erschien vor ungefähr 2 Millionen Jahren und hatte ein Hirngewicht von mindestens 600 g. Er wurde vor einer bis einer halben Million Jahren vom *Homo erectus* abgelöst, dessen Hirngewicht bereits 1000 g erreichte. Dieser Art folgten vor ungefähr 500000 bis 250000 Jahren die Praeneandertaler, vor etwa 100000 Jahren der Neandertaler. Er überlebte die letzte Eiszeit, verschwand aber vor 40000 Jahren plötzlich wieder. Der Neandertaler wird wie seine Vorstufen bereits zur Art *Homo sapiens* gerechnet. Sein durchschnittliches Hirngewicht von 1550 g lag sogar noch etwas höher als das des modernen Menschen.
Das bemerkenswerteste an der Entwicklung des Menschen ist die gewaltige Zunahme der Hirnsubstanz, die zwischen dem *Homo habilis* und dem Neandertaler liegt und zudem noch innerhalb einer evolutionsgeschichtlich sehr kurzen Periode von rund einer Million Jahren erfolgte. Nie zuvor hatte in der ganzen biologischen Evolution eine derart rasche Umwandlung stattgefunden. Man muß deshalb annehmen, daß während dieser Zeit ein sehr starker Selektionsdruck herrschte. Die aufeinanderfolgenden, langen Eiszeiten zerstörten die lebensbegünstigenden ökologischen Nischen, in denen sich die Australopithecinen während verhältnismäßig langer Zeit halten konnten. Das

Überleben hing jetzt von der Fähigkeit ab, vor allem den klimatischen Schwierigkeiten zu trotzen und sich an die neuen Umweltbedingungen anzupassen. Man begann, in engen und übervölkerten Unterkünften zu hausen, erfand die Kleidung und zähmte das Feuer. Die Bewältigung der harten Lebensbedingungen konnte nur durch intelligentes Planen und wirksame Kommunikation innerhalb der eng zusammenlebenden sozialen Gruppen gelingen. Es war somit notwendig, die Verständigung durch Gesten und Laute weiterzuentwickeln. Laute hatten gegenüber Gesten den Vorteil, daß sich Individuen, die miteinander Informationen austauschen, nicht gegenseitig sehen und betrachten müssen. Der nur in der Blickrichtung wirksame Gesichtssinn wird also nicht absorbiert, weshalb er, zusammen mit dem ein breiteres Umfeld erfassenden Gehör zum Erkennen von Feinden eingesetzt werden kann. Die Verständigung durch Laute funktioniert zudem auch in der Dunkelheit und läßt die Hände frei, um beispielsweise Waffen zu tragen. Ferner ließ sich mit der Verfeinerung der stimmlichen Signale zunehmend mehr Information übermitteln. Durch Nennung von Namen für Dinge und Handlungen wurde die primitive, aus Rufen und Warnsignalen bestehende animalische Sprache umgeformt und weiterentwickelt, so daß einfache verbale Beschreibungen möglich wurden. Vorstellungen konnten jetzt durch Wortsymbole ausgedrückt werden. Dies führte zu einer verbesserten Verständigung und war von großem Wert für die Organisation und den sozialen Zusammenhalt des Stammes.

Der aufrechte Gang ermöglichte es, Dinge mit sich herumzutragen. Die aufrechtgehenden Hominiden verzehrten die gefundene oder erbeutete Nahrung nicht mehr an Ort und Stelle, wie es bei den anderen Säugern üblich ist, sondern brachten sie zu einer Art Lagerplatz, um sie unter die Gruppenmitglieder zu verteilen. Ein derartiges Teilen von erjagter oder gesammelter Nahrung kommt nur bei Hominiden vor und ist somit typisch für die menschliche Entwicklungslinie (Isaac 1978). Außer dem Füttern der Jungtiere bei Vögeln und Säugern, tritt das Teilen von erbeuteter Nahrung sonst nur noch in sehr begrenzten Ansätzen bei wilden Hunden auf, oder wenn Schimpansen kleine Tiere erjagen, deren Fleisch sie – im Gegensatz zu pflanzlicher Beute – mit ihren Herdenmitgliedern teilen. Beim *Homo sapiens* kam zur Beuteteilung schließlich noch eine eigentliche Mahlzeitzubereitung hinzu.

Die evolutionsgeschichtlich neue Art der Nahrungsbeschaffung führte zur Arbeitsteilung innerhalb der Gruppe, besonders zwischen den Geschlechtern. Die durch die Kinderbetreuung in ihrer Bewegungsfreiheit behinderten Frauen spezialisierten sich auf die Sammeltätigkeit und die Mahlzeitzubereitung, während die Männer die Jagd und die Verteidigung der Gruppe übernahmen. Die Organisation der Arbeitsteilung und der Nahrungsverteilung war aber nur durch gegenseitige Absprache möglich. Dadurch entstand wohl eine weitere Notwendigkeit für die Entstehung und Weiterentwicklung der sprachlichen Verständigung. Schließlich wurde die Sprache zum entscheidenden Band einer im Vergleich zu Tiergesellschaften sehr viel engeren menschlichen Gemeinschaft.

Die Sprache verleiht dem Menschen seine Überlegenheit über die Tiere. Sie eröffnet ihm die unbegrenzte Möglichkeit, Wortsymbole wie Gegenstände zu behandeln und Objekte im Gedächtnis zu bewahren, obgleich sie nicht mehr sichtbar sind. Der Mensch erlangt die Fähigkeit, sich der Sprache in zunehmender Verfeinerung und Vielseitigkeit zum Ausdruck symbolischer oder abstrakter Denkvorgänge zu bedienen. Über diese Möglichkeiten verfügen alle Menschenrassen. Sie alle besitzen ihre eigene, hochentwickelte und den jeweiligen Lebensbedingungen angepaßte Sprache, obgleich in anderer Hinsicht ihre Kultur äußerst primitiv sein mag.

In der Evolution des Menschen spielten die Sprache sowie die eng damit verbundenen Fähigkeiten zur Bildung von Vorstellungen und Entwürfen eine überragende Rolle. Sie unterstützten das außergewöhnlich rasche Größenwachstum des Neokortex. Allerdings gibt es noch eine andere Erklärungsmöglichkeit, nämlich daß die Entwicklung des Gehirns im Zusammenhang mit dem steigenden Bedarf an feiner motorischer Kontrolle zur Konstruktion und zum

Gebrauch von Werkzeugen stand. Zweifellos war dies mit ein entscheidender Faktor, besonders im Hinblick auf Vorstellungsvermögen und Planung, die zur Erzielung guter Leistungen erforderlich sind. Jedoch ist zu bedenken, daß in der menschlichen Hirnrinde die Sprachzentren bedeutend größer sind als jene Zentren, die zur Bewegungskontrolle dienen.
Im Verlauf einer Million Jahre, von der Zeit des *Homo habilis* über den *Homo erectus* bis zum *Homo sapiens,* bewirkten zahlreiche Selektionsfaktoren eine zunehmende Größe und Leistungsfähigkeit des Gehirns. Die Geschichte vom Aufstieg und Erfolg der Gehirnentwicklung legt den Gedanken an ein unbegrenzt weitergehendes Wachstum des Gehirns nahe, doch während der letzten 250000 Jahre ist nichts Derartiges geschehen. Vielleicht wären bei einer weiteren Vergrößerung des menschlichen Gehirns Schwierigkeiten bei der Geburt eingetreten, vielleicht aber bedeutet eine weitere Vergrößerung auch keine Leistungssteigerung mehr. Das gegenwärtige Ende der Evolutionsgeschichte ist, daß wir als Menschen ein Gehirn geerbt haben, dessen durchschnittliches Gewicht etwa 1450g beträgt.

Selbstbewußtsein, Moral und Kultur

Aufgrund unserer Erfahrungen mit Haustieren sind wir geneigt, wenigstens den höheren Säugetieren eine Art Bewußtsein zuzuschreiben und sie als individuelle Lebewesen zu betrachten. Ein Hund kann beispielsweise herzzerreißend heulen, wenn sein Besitzer weg ist und überschwengliche Zuneigung zeigen, wenn dieser wieder zurückkehrt. Tiere zeigen aber nur wenig oder überhaupt nichts, was darauf hindeuten könnte, daß sie sich selbst oder ein Selbst in anderen Tieren derselben Art erkennen und sich in sie einfühlen können. Wir sind vielleicht bestürzt darüber, wie wenig Mitgefühl Schimpansen oder Paviane für kranke oder verletzte Mitglieder ihrer Gruppe zeigen oder daß nichtmenschliche Primaten ihre Toten, ohne sie zu beachten, einfach liegenlassen. Ihre Verhaltensmuster machen uns deutlich, daß ihnen Selbsterkenntnis fehlt. Diese Errungenschaft trat erst im Verlauf der menschlichen Entwicklung auf. Sie führte zu der Fähigkeit, sich auch in andere Individuen einzufühlen und dadurch, entgegen eigenen Bedürfnissen, auf andere Menschen Rücksicht zu nehmen. Das menschliche Einfühlungsvermögen ermöglicht den Aufbau von geistig fundierten zwischenmenschlichen Beziehungen, insbesondere auch echtes altruistisches Verhalten. Im Gegensatz zu den bei Tieren vorkommenden pseudoaltruistischen Verhaltensweisen beinhaltet menschlicher Altruismus stets eine bewußt gefaßte Entscheidung, sich unter Inkaufnahme von Opfern für seinen Mitmenschen einzusetzen. Das Selbstbewußtsein und das dadurch bedingte Einfühlungsvermögen in den Mitmenschen bilden die Grundlage für die Entwicklung von Moral und Sitte, den geistigen Werten des Menschen.

Hinweise für ein Erwachen dieses Selbstbewußtseins gibt uns die Beobachtung der Herstellung von Werkzeugen und des Aufkommens zeremonieller Bestattungsbräuche. Archäologische Funde belegen, daß der Neandertaler bereits eine Selbstbewußtheit von der Art gehabt haben muß, wie wir sie heute besitzen und daß er bezüglich anderer Mitglieder seiner Gemeinschaft das Gefühl kannte, daß sie ebensolche Lebewesen seien wie er selbst. Unsere Vorfahren vor rund 100000 Jahren standen am Beginn einer ›Humanität‹, die zum Ausgangspunkt der zweiten Phase der menschlichen Entwicklung wurde, am Beginn der geistig-kulturellen Evolution.

Biologische und kulturelle Evolution lassen sich allerdings nicht scharf voneinander trennen, da einerseits die biologische Evolution weiterläuft, andererseits die kulturelle Evolution erst langsam an Einfluß gewann. Die Weitergabe von erworbenen Kenntnissen – eine primitive Form von Kultur – gibt es bereits im Tierreich. So lernten auf der Insel Koshima japanische Makaken, die von Forschern am Strande ausgelegten Kartoffeln zu waschen (Abb. 15). Diese Möglichkeit hatte ein juveniles Weibchen entdeckt und realisiert. In einigen Jahren breitete sich das Verhalten bereits über die ganze Gruppe aus. Neue Lerngelegenheiten ergaben sich, als Mütter, die das Waschverhalten beherrschten,

Abb. 15: Beispiel einer tierischen Protokultur. Auf der Insel Koshima entdeckte ein juveniles Makakenweibchen, daß Kartoffeln besser schmecken, wenn sie im Meerwasser gewaschen werden. Dieses Verhalten wurde von den übrigen Gruppenmitgliedern nachgeahmt und an die folgenden Generationen weitergegeben. Daraus entwickelten sich neue Verhaltensweisen wie Schwimmen, Tauchen und Nahrungssuche auf dem Meeresgrund (nach Kawai, 1965).

ihre Säuglinge vom ersten Tag an mit ins Wasser nahmen. Die Säuglinge lernten von Anfang an Kartoffeln nur durch Meerwasser gewürzt, also gesalzen, kennen. Als Erwachsene fressen sie heute nur gewürzte Kartoffeln und tauchen sie nach jedem Bissen ins Meer. Sie lernten aber nicht nur Kartoffeln zu waschen und zu würzen, durch den intensiven Frühkontakt mit dem Wasser wurden sie zu Schwimmern und Tauchern. Das führte nun dazu, daß die üblicherweise sozial hart bedrängten jungen Männchen schwimmend auf Nachbarinseln emigrierten, was bisher nicht möglich gewesen war. Eine andere Folge war, daß Jungtiere auf den Grund tauchten und spielerisch Seegras und andere Pflanzen heraufbrachten, die sie schließlich auch aßen. Das ursprüngliche Waschen von Kartoffeln im Meerwasser durch ein einzelnes Tier eröffnete somit auch eine neue Nahrungsquelle. Im geschilderten Beispiel ging die Kettenreaktion ›neues Verhalten – neue Lerngelegenheiten‹ allerdings nicht unendlich weiter, sie führte bald zu einer neuen Stabilität, weil die Grenzen der Lern- und Einsichtsfähigkeit erreicht wurden. Beim Menschen dagegen verläuft diese Kettenreaktion exponentiell, d. h., die rasche zivilisatorische und kulturelle Änderung wird zur Norm, während in der außerartlichen Umwelt für die gleichen Zeiträume Konstanz die Norm ist.

Vermutungen über das Verhalten der ersten Menschen lassen sich ableiten, wenn man das Verhalten von primitiven Stämmen, die noch auf der Stufe der Jäger und Sammler stehen, mit jenem der heutigen nichtmenschlichen Primaten vergleicht (Wilson 1975, vgl. Tab. 2). Verhaltensweisen, die in diesen beiden Bereichen weit verbreitet sind, können mit großer Wahrscheinlichkeit auch den ersten Menschen zugeschrieben werden. Solche Vergleiche verdeutlichen die evolutive Bedeutung, die dem sozialen Verhalten des Menschen sowie seiner gesellschaftlichen Strukturierung und Organisierung zukommt.

Bei der Entwicklung der ersten menschlichen Gesellschaftsstrukturen spielte die Sexualität eine wesentliche Rolle. Einerseits ist beim Menschen der Sexualtrieb stärker entwickelt als bei Tieren, und wenigstens während dem fortpflanzungsfähigen Lebensabschnitt ist er über längere Zeit relativ konstant. Es gibt keine Brunstperioden mehr, das sexuelle Interesse besteht während des ganzen Jahres. Der Mensch ist das einzige Wesen, bei dem sich die Partner während der Paarung von Gesicht zu Gesicht anschauen können. Zwischen dem Sexualverhalten von Mann und Frau bestehen dabei geringere Unterschiede als zwischen dem Sexualverhalten von Mensch und Tier. So erlebt auch die Frau einen Orgasmus. Die herausragende Bedeutung der menschlichen Sexualität spiegelt sich in Literatur und Kunst. Der starke Sexualtrieb veranlaßte bereits die Menschen der Urzeit, feste Partnerbeziehungen einzugehen. Dies garantierte auch die notwendige emotionelle Bindung an das Kleinkind, den sogenannten ›sozialen Uterus‹ (Portman 1941, 1944). Andererseits wurde der Sexualtrieb aber den Bedürfnissen der Gruppe untergeordnet, durch Moral und Tabus eingeschränkt und die sexuelle Aktivität auf die Nacht, also auf die Ruheperiode, verlegt. Es bildete sich u. a. ein Inzesttabu, das innerhalb der Familie die sexuelle Rivalität verhindert.

Eine grundlegende Voraussetzung für die Entstehung menschlicher Gesellschaftsstrukturen bildeten die sprachlichen Kommunikationsfähigkeiten. Die Sprache und in noch größerem Maße die Schrift erlauben nicht nur die Übertragung von Lernen und Erfahrungsgewinn auf nach-

Verhaltensmerkmale, die normalerweise bei heute noch lebenden Naturvölkern vorkommen	Vorkommen und Variabilität des Verhaltensmerkmals bei subhumanen Primaten	Sicherheit, mit der infolge von Homologie angenommen werden darf, daß die ersten Menschen dasselbe Verhaltensmerkmal aufwiesen
Lokale Gruppengröße Meist 100 oder weniger Familie als soziale Grundeinheit	Große Variabilität, innerh. von 3–100 Große Variabilität	Sehr wahrscheinlich 100 oder weniger Nicht sicher
Geschlechtsspezifische Arbeitsteilung: Frauen sammeln, Männer jagen Männer dominant über Frauen	Nicht vorhanden Sehr häufig, jedoch nicht generell	Nicht sicher Ziemlich sicher
Langfristige sexuelle Bindung (Ehe) fast generell; Vielweiberei üblich	Große Variabilität	Nicht sicher
Exogamie üblich, begünstigt durch Eheregulativ	Nicht vorhanden	Nicht sicher
Subgruppenzusammensetzung wechselt häufig	Große Variabilität	Nicht sicher
Territorialität üblich, besonders ausgeprägt in guten Sammelgebieten	Häufig, aber sehr variabel in der Form	Wahrscheinlich, aber von unbekannter Art
Spielverhalten, besonders Spiele, die körperliche Geschicklichkeit, nicht aber Strategie erfordern	Wenigstens in elementare Form allgemein üblich	Sehr sicher
Verlängerte mütterliche Fürsorge, ausgeprägte Sozialisation der Kinder, ausgedehnte Bindungen zwischen Mutter und Kindern, besonders Mutter und Töchtern	Bei höheren Cercopithecoiden allgemein üblich	Sehr sicher

Tab. 2: Soziale Verhaltensweisen von heute noch lebenden Naturvölkern, ihr Vorkommen bei subhumanen Primaten und Wahrscheinlichkeit, daß diese Verhaltensmerkmale auch bei den ersten Menschen vorhanden waren (nach Wilson 1975).

folgende Generationen, sondern auch die Bildung von sehr komplex organisierten Gruppen. Das Verhalten des Menschen ist nicht mehr rein biologisch, sondern vor allem auch kulturell und gesellschaftlich bedingt.

KULTURELLE EVOLUTION

Zur Kultur gehört, was durch beabsichtigte körperliche und geistige Tätigkeit des Menschen geschaffen wurde. Analog zur Eigendynamik von Tieren und Pflanzen als treibende Kraft der biologischen Evolution, beruht auch kulturelle Tätigkeit nicht auf einem detaillierten Plan oder besitzt gar ein konkretes Endziel. In die kulturelle wie biologische Tätigkeit fließen angeborene und erworbene Verhaltensprogramme ein. Sämtliche im Verlaufe der stammesgeschichtlichen Entwicklung entstandenen Schichten des menschlichen Bewußtseins, die Jean Gebser 1949 und 1953 als archaische, magische, mythische, mentale (rationale) und integrale Bewußtseinsstruktur beschrieb, leisten ihren Beitrag für die kulturelle Evolution. Der Ursprung der Kultur liegt allein im Menschen, ihr Ziel ist die Vollendung und Vervollkommnung der menschlichen Natur.
Das menschliche Bestreben, Kultur zu schaffen, entwickelt sich in jedem Individuum. Dabei beschreiten die individuellen Entwicklungen verschiedene Wege, erreichen unterschiedliche Niveaus. Die Gesamtheit aller individuellen Niveaus bestimmt die Kulturstufe eines Volkes. Gerichtet verlaufende Entwicklungsprozesse sind dabei typisch für die geistige Tätigkeit von Individuen, sie kennzeichnen den kulturellen Bereich.
Das kulturelle Schaffen wirkt sich auf alles Existierende aus, nach Karl Popper (1972) auf alle drei Welten: Welt 1, die Welt der physikalischen Gegenstände und Zustände; Welt 2, die Welt der Bewußtseinszustände und des subjektiven Wissens jeglicher Art; Welt 3, die Welt des von Menschen geschaffenen Wissens in objektiver Form. Aus dem Zusammenspiel zwischen dem der Welt 2 zuzuordnenden

menschlichen Geist und dem zu Welt 1 gehörenden Gehirn mit seiner stammesgeschichtlich erworbenen Leistungskapazität entstehen einerseits Objekte und Zustände in Welt 1, wie Umweltveränderungen, Werkzeuge, Bücher und Kunstwerke, andererseits Welt 3, das Wissen in objektiver Form. Zu diesem Wissen gehören kulturelle Verhaltensnormen wie Moral und Tabus, Sprache und Religion, sowie die Ergebnisse aller geistigen Bemühungen. Diese wiederum sind in Objekten von Welt 1 niedergelegt, beispielsweise in Büchern, Bildern und Maschinen. Objekte bilden die sogenannte Sachkultur. Ein Teil von Welt 1, die bloß äußere, materielle Kultur, wird im deutschen Sprachbereich als Zivilisation bezeichnet. Sie dient als Grundlage für Welt 3. Wenn Zivilisation auf Kosten der inneren Kultur gepflegt wird, ist sie im eigentlichen Sinne kulturfeindlich, begründet lediglich eine Halbkultur.

Unterschiede und Gemeinsamkeiten zwischen biologischer und kultureller Evolution

Die kulturelle Evolution möchten wir im Gegensatz zu Konrad LORENZ (1954), Irenäus EIBL-EIBESFELDT (1972) oder Edward WILSON (1975) nicht als zufällige und unproblematische Erweiterung der biologischen Evolution betrachten, sondern als hierarchisch übergeordneten Prozeß mit eigenen Gesetzmäßigkeiten, der allerdings durch seine biologische Basis geprägt wird und seinerseits wiederum die biologische Evolution beeinflußt. Die Unterschiede zwischen beiden Evolutionsformen lassen sich etwa wie folgt charakterisieren (nach Campbell 1975):

1. Während die biologische Evolution darwinistisch verläuft, ist die kulturelle Evolution in dem Sinne lamarckistisch, daß durch Lernen und Sozialisation erworbene Elemente über die Generationen weitergegeben werden.

2. Kulturelle Entwicklung kann viel schneller als biologische Entwicklung erfolgen, weil sie einerseits nicht direkt an den Generationswechsel gebunden ist, andererseits in

Sprache und Schrift über äußerst wirkungsvolle Kommunikationsmittel verfügt.

3. Die Elemente der biologischen Entwicklung sind Individuen, jene der kulturellen Evolution dagegen soziale Gruppen oder Gesellschaften.

Trotz dieser Unterschiede bestehen Analogien zwischen beiden Prozessen. Beide sind in dem Sinne zielgerichtet, daß sie, sich selbst beschleunigend, nach Entfaltung sowie höherer Organisation und Ordnung streben. Auch kulturelle Entwicklungen verlaufen in gewissen Bahnen und finden ein Ende, wenn ihre Möglichkeiten erfüllt oder erschöpft sind. Wie in der biologischen Evolution, so gibt es auch in der kulturellen Evolution ein ständiges Auf und Ab. Nicht jede neue Errungenschaft ist dabei mit Fortschritt gleichzusetzen. Dies gilt besonders für Technik und Wissenschaft. Obgleich gerade auf diesen Gebieten heute ein exponentielles Wachstum vorherrscht, stehen die nützlichen Errungenschaften häufig in keinem Verhältnis mehr zum Aufwand. Lediglich Kunst und Literatur sind von den Vorstellungen befreit, nach denen das Neue dem Bestehenden stets überlegen sein muß.

Die Grundbedingungen der biologischen Evolution – Variabilität, innere und äußere Selektion sowie Weitergabe des Bewährten – gelten auch für die kulturelle Evolution. Variationen in Form von zufälligen oder geplanten gesellschaftlichen Veränderungen sowie unvollkommene Weitergabe der Traditionen lieferten wohl zu allen Zeiten ein für den Entwicklungsprozeß ausreichendes Ausmaß an ›Mutationen‹ und Probiermaterial. Die Selektion geschieht entsprechend der biologischen Entwicklung durch Erfolg und Mißerfolg. Stämme und Völker mit wirtschaftlicher, technologischer oder militärischer Überlegenheit können andere, weniger erfolgreiche, verdrängen. Auch die Strukturen und Verhaltensnormen innerhalb der Gesellschaft unterliegen einem ständigen Optimierungsprozeß. Werkzeuge, Waffen und physische Umgebung greifen auf direkte Weise in das Selektionsgeschehen ein; der Vorteil von vollzogenen Innovationen ist – oft im Gegensatz zur biologischen Evolution – häu-

fig schon unmittelbar erkennbar. Die geistigen Fähigkeiten des Menschen ermöglichen dabei die Einsparung großer Energieaufwendungen, indem ohne mühevolles Ausprobieren der Ablauf eines Vorganges durchdacht werden kann, und so Lernen durch Einsicht zu einer bewußten Selektion führt. Dabei können wir Fortschritte erzielen und Fehler vermeiden, ohne uns selber durch die natürliche Selektion eliminieren zu lassen. Kulturelle Errungenschaften werden schließlich durch Kommunikationssysteme und durch die Gedächtnisse der einzelnen Individuen weitergegeben. Erfolg wird zum Maßstab für das, was besonders nachahmenswert erscheint. Für die Bildung und Weitergabe von Traditionen über Generationen hinaus sorgen von der Gesellschaft gesteuerte Vorgänge wie Sozialisation des Kindes durch Erziehung, Belohnung und Bestrafung, Identifizierung und Nachahmung, ideologische Indoktrination, Sprache und linguistische Bedeutungssysteme, gesellschaftliche Barrieren und anderes mehr. Diese Vorgänge bilden – zusätzlich zur weniger problematischen Weitergabe von technologischen und wissenschaftlichen Errungenschaften – ein für die kulturelle Evolution ausreichendes Bewahrungssystem und können soziale Organisationsstrukturen und Werte auch dann noch aufrechterhalten, wenn deren Sinn und Zweckmäßigkeit nicht mehr eingesehen wird bzw. gar nicht mehr vorhanden ist.
Wie bereits dargelegt, lassen sich Entwicklungsprozesse in offenen Systemen nicht voraussagen, sie lassen sich nur im nachhinein analysieren. Der Verlauf der kulturellen Evolution kann viel weniger als der biologische Evolutionsverlauf durch einfache Ursache-Wirkung-Mechanismen erklärt werden. Er ist ein Systemprozeß mit komplex wirkenden Faktoren. Wirkketten mit positivem *Feedback* spielen eine entscheidende Rolle (Abb. 16): Die Erfindung eines einzelnen kann sich schlagartig ausbreiten und die Umwelt aller verändern. Es entstehen neue Möglichkeiten, die weitere Erfindungen erlauben. Das ständige Voranschreiten ermöglicht darüber hinaus, Ursachen und Wirkungen früherer Errungenschaften besser zu verstehen. Diese wiederum eröffnen der im Genpool anlagemäßig vorhandenen Intelligenz

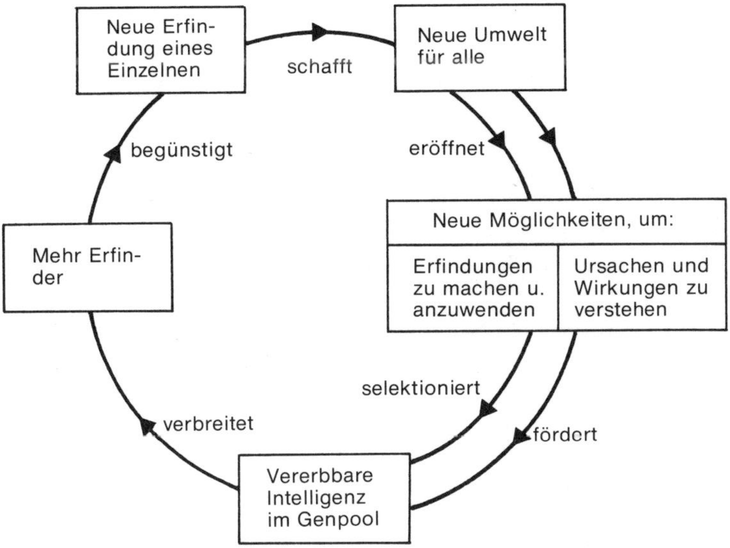

Abb. 16: Wirkungsmechanismen mit positivem *Feedback*, die die kulturelle Evolution vorantreiben (nach Darlington, 1978).

neue Betätigungsfelder, regen Lernfähigkeit und Innovationsfreude an und verbessern durch ständige Selektion das bereits Vorhandene, da die Intelligenteren neue Errungenschaften auch besser anwenden können. Die Verbreitung der Erbfaktoren für Intelligenz im Genpool fördert die Entstehung genialer Erfindertypen, die neue Erfindungen machen.

Die Selektion vererbbarer Intelligenz spielte allerdings lediglich in der Frühgeschichte des Menschen eine Rolle. Sie ist heute bedeutungslos, da nützliche Erfindungen sich auch ohne ihr Zutun rasch ausbreiten und einem großen Teil der Menschheit – nicht nur den geistigen Eliten des betreffenden Kulturkreises – zugute kommen. Erfindungen und Neuerungen werden selbst wieder Ursache für weitere Veränderungen und neue Entwicklungstendenzen, die den weiteren Evolutionsverlauf lenken. Die kreativen Leistungen einzelner Individuen können so Konsequenzen nach sich ziehen, die weder beabsichtigt noch voraussehbar waren. Der Verlauf der kulturellen Evolution ist deshalb nicht irrational, er ist suprarational: Das Gesamtsystem wird durch konkretes und rationales Problemlösungsverhalten der einzelnen Individuen derart beeinflußt, daß sich auch auf übergeordneter Stufe sinnvolle Entwicklungen ergeben, deren Bedeutung und Ziel die menschliche Intelligenz im voraus kaum erfassen kann. Dabei kann es sich natürlich auch um sinnlose und für die Menschheit sogar äußerst gefährliche Entwicklungen handeln, die eine Eigendynamik entwickeln und dabei außer Kontrolle geraten können.

Im Bereich der biologischen Evolution bewirken genetische Mechanismen – als eine Art ausgleichender ›Gerechtigkeit‹ – eine sogenannte Regression zur Mitte, die die grenzenlose Überzüchtung der genetischen Anlage verhindert. Die Nachkommen der intelligentesten Individuen einer Population sind nämlich im Durchschnitt weniger intelligent als ihre Eltern, und die am wenigsten Begabten haben Kinder, deren Intelligenz meist höher liegt als ihre eigene. Die kulturelle Evolution dagegen scheint keinen derartigen Beschränkungen unterworfen zu sein. Die einzelnen Faktoren einer Wirkkette können sich durch positives *Feedback* zu einem rasanten Entwicklungstempo aufschaukeln. Wie Abbildung 17 veranschaulicht, nahm während der letzten 9 Jahrhunderte beispielsweise die Anzahl der sich durchsetzenden Erfindungen und Entdeckungen fast explosionsartig zu, und es ist zunächst noch keine Trendwende abzusehen.

Derartige stürmische Entwicklungen, die vor allem in unserem Jahrhundert außer Rand und Band zu geraten scheinen und völlig neue Lebensbedingungen schaffen, kennzeichnen Phasen der kulturellen Evolution. Die durch den Menschen selbst hervorgerufenen Probleme der Welt, die Zerstörung seiner Umwelt, Frustration, Intoleranz und Gewalt übersteigen zunehmend das menschliche Fassungsvermögen. Um all diese Probleme bewältigen zu können, müssen wir lernen, mit der geistigen und materiellen Wirklichkeit unserer Zeit fertig zu werden.

Die Beziehungen zwischen biologischer und kultureller Evolution sind nicht einseitig, es bestehen komplexe Wechselwirkungen. Sie spiegeln sich in den Auseinandersetzun-

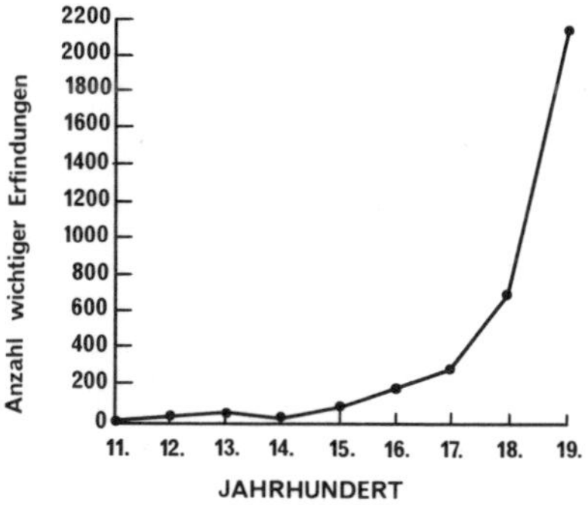

Abb. 17: Anzahl wichtiger Erfindungen und Entdeckungen pro Jahrhundert vom Jahr 1000 bis 1900 (nach Lenski, 1970). Erfolgreiches Schaffen einzelner Individuen regte die Lernfähigkeit und Innovationsfreude aller an, was wiederum zu neuen Erfindungen führte, so daß deren Anfall fast explosionsartig zunahm.

gen zwischen Individuum und Gesellschaft. In der gleichen Weise wie der Handlungsspielraum des Individuums durch die Gesellschaft erweitert, eingeengt oder von Beeinflussung verschont werden kann, können biologische und kulturelle Vorgänge einander unterstützen, kompensieren oder auch unabhängig voneinander bleiben. Die Beziehungen müssen sich gegenseitig optimieren. Sie brauchen deshalb nicht unbedingt konstant zu bleiben, sie können sich im Laufe der Zeit auch wandeln. So geschah es bei früheren Kulturen, daß das brutale biologische Prinzip vom Überleben des Stärkeren bzw. Intelligenteren auf Kosten seiner Gegner rücksichtslos ausgenutzt wurde, wie es etwa in der Empfehlung zum Ausdruck kommt, die Moses seinem Volk nach dem Sieg über die Midianiter gab: »So tötet nun von den Kindern alle Knaben und von den Frauen jene, die schon mit einem Manne verkehrt haben. Aber alle Kinder weiblichen Geschlechtes, die noch mit keinem Mann verkehrt haben, lasset für Euch am Leben« (4. Buch Moses, 31,17–18).

Heute können wir es uns leisten und sind es der Erfahrung und unseren humanitären Werten schuldig, die Schwächeren und biologisch Benachteiligten zu schützen, um auf diese Weise ›Gerechtigkeit‹ wirksam werden zu lassen. Wenn aber Träger von Erbkrankheiten, die früher nur begrenzt oder überhaupt nicht lebensfähig waren, Nachkommen haben, so begünstigt dies die Ausbreitung von Erbkrankheiten im Genpool. Diese Gefahr wird allerdings meist überschätzt, denn nachteilige Gene breiten sich nicht so schnell aus wie vorteilhafte Gene. Auch eine genetische Beratung kann die Häufigkeit von Erbkrankheiten eindämmen. Wie an Zahlenmodellen durchgeführte Berechnungen zeigen, dürfte zwar die moderne Medizin vor allem bei multifaktoriellen Mißbildungen und Krankheiten eine Zunahme bewirken. Die der Allgemeinheit daraus entstehende Belastung wird aber vermutlich bedeutend kleiner sein als der heutige Aufwand für die Pflege von denjenigen chronisch Erbkranken, die in Zukunft dank der medizinischen Behandlung ein normales Leben führen können (Stalder 1978).

Verhaltensregulation beim Menschen

Die im Kapitel »Biologische Verhaltensregulation« besprochenen ererbten Verhaltensnormen prägen das menschliche Verhalten nicht auf derart determinierende Weise, wie das bei Tieren der Fall ist. Sie lassen einen Raum frei, der durch Kultur bestimmt und ausgefüllt werden muß. In der Computersprache ausgedrückt heißt das: Die Natur erzeugt die *Hardware,* während die *Software* von jedem Individuum erst erworben werden muß. Das individuelle Erbgut bestimmt nicht, was ein Individuum tun wird, sondern mit welchen biologischen Voraussetzungen es auf seine Umwelt reagiert. Deshalb können aus den biologischen Verhaltensnormen auch keine Normen für das Gesamtverhalten eines einzelnen Individuums gewonnen werden, sondern nur Angaben über Wahrscheinlichkeiten, mit denen bestimmte Verhaltensweisen in einem Kollektiv immer wieder vorkommen. Aus biologischen Gründen kann man beispielsweise erwarten, daß Frauen bei der Partnerwahl wählerischer vorgehen als Männer und daß sie von diesen erobert werden müssen. Männer dagegen neigen eher zu unverbindlichen Sexualkontakten und ehelicher Untreue. Wenn ihre Partnerin sich dieselben Freiheiten nimmt, so reagieren Männer darauf meist heftiger als Frauen. Dies ist verständlich, wenn man bedenkt, daß ein betrogener Ehemann das Risiko eingeht, ein Kind aufzuziehen, das mit ihm überhaupt nicht verwandt ist. Für die Frau dagegen besteht dieses Risiko nicht, da ihre eigenen Gene stets mit von der Partie sind.

Die Existenz genetisch fixierter Verhaltensneigungen und -möglichkeiten, wie wir sie im Kapitel »Biologische Verhaltensregulation« beschrieben haben, sagt nichts darüber aus, ob sie auch für den Menschen sinnvoll sind und deshalb praktiziert werden sollen. Das durch die Evolution vorgezeichnete Ziel des Menschen besteht nun einmal nicht nur darin, zu überleben und sich fortzupflanzen. Dies ist eine Aufgabe neben zahlreichen anderen, die mit dem biologischen Auftrag sich fortzupflanzen interagieren. Der Mensch hat sich durch seine kulturelle Evolution eine Umwelt geschaffen, zu der gewisse biologische Verhaltensnormen nicht mehr passen. Beispielsweise haben die Auswirkungen der Medizin und Industrialisierung zu einer Bevölkerungsexplosion geführt, die die Notwendigkeit zur Vermehrung in eine Notwendigkeit zur Einschränkung der Vermehrungsrate verwandelt hat. Um dieses Ziel zu erreichen, müssen wir nicht wie Languren, Seebären oder Löwen zur Kindstötung Zuflucht nehmen, sondern können die heute vorhandenen Methoden zur Empfängnisverhütung anwenden. Auch braucht man nicht unbedingt eigene Kinder zu haben; die kulturelle Evolution hat die biologische praktisch ausgeschaltet. Es ist heute ebenso sinnvoll, Kinder zu adoptieren oder bei einer Heirat bereits vorhandene Kinder des anderen Partners zu übernehmen.

Ein anderes, häufig angeführtes Beispiel verweist auf eine ähnliche Situation im Ernährungsbereich. War es früher einmal sinnvoll, möglichst viel von dem zu essen, was einen süßen Geschmack hatte, weil die Süße auf ungiftige und verwertbare Nahrungsquellen hinwies, die normalerweise in der Natur nur knapp vorhanden sind, führt heute in den industrialisierten Ländern die moderne Landwirtschaft und Nahrungsmittelproduktion zu einem derartigen Überangebot an Zucker, daß wir den Zuckerkonsum freiwillig einschränken müssen. Unsere Eßgewohnheiten erschweren dies aber noch immer. Die angeborene Neigung, Stoffe

mit süßem Geschmack hemmungslos zu verzehren, wird dort ausgenützt, wo als Nachtisch eine Süßspeise serviert wird, obgleich wir bereits gesättigt sind. Wie wir am Beispiel des Entstehens von aggressiven Verhaltensweisen sehen konnten, kommt es recht häufig vor, daß Umwelt und Kultur angeborene Verhaltensneigungen verstärken. Es ist der Vererbungsprozeß selbst, der immer dazu tendiert, eine Umwelt mitzugestalten und zu erhalten, in der sich das individuelle Erbgut entfalten kann.
Die biologisch orientierte Verhaltensforschung untersucht Zusammenhänge zwischen Umweltfaktoren und biologisch bedingten Verhaltensnormen nicht deshalb, um – wie ihr gelegentlich unterstellt wird – egoistische Handlungen des Menschen rechtfertigen und verteidigen zu können. Sie möchte vielmehr für jede einzelne Verhaltenstendenz abklären, inwieweit sie der Menschheit dient oder schadet. Diese Erkenntnisse dienen als Grundlage für die gesellschaftspolitische Entscheidung, ob eine bestimmte Verhaltensweise gefördert oder aber durch Gesetze und Moralsysteme eingeschränkt werden soll. So rechtfertigt die biologische Funktion der Kindstötung, wie wir sie bei Languren, Löwen und Seebären beschrieben haben, keinesfalls deren Legalisierung. Sie ist vielmehr ein Hinweis darauf, daß, entgegen dem biologisch Möglichen, kulturelle Motivation notwendig ist, um Kindstötungen zu verhindern.
Im Kapitel »Biologische Verhaltensregulation« wurde dargelegt, daß die natürliche Selektion auch Verhalten begünstigen kann, das dem handelnden Individuum Nachteile einbringt. So überleben im Krieg eher die Feiglinge, und die Tapferen kommen um. Dennoch kann sich in einer Population die genetische Disposition für Tapferkeit und Draufgängertum halten und sogar steigern, wenn diese Eigenschaften gleichzeitig mit größerer Fertilität bzw. mit wirkungsvollen Paarungsvorteilen verbunden sind. Weil knappe Ressourcen unter Menschen wie unter Tieren zu harten Auseinandersetzungen führen, sind Draufgängertypen in kompetitiven Situationen generell bevorteilt. Dieser Umstand erklärt auch die Beobachtung, daß sich friedfertige Völker bisher nur in vollständiger Isolation entwickeln

konnten. Ohne äußere Bedrängnis führten isolierte Völker ein unbeschwertes Leben und waren nicht dazu gezwungen, kulturelle und insbesondere technische Höchstleistungen zu erbringen. Gewisse Autoren (Keith 1949, Bigelow 1969, 1972, Alexander 1971) gehen so weit, einige der nobelsten menschlichen Eigenschaften wie Gemeinschaftssinn, Zusammenarbeit, Altruismus und Tapferkeit als Begleiterscheinung der kriegerischen Lebensweise der Menschen zu betrachten.

Bestimmte menschliche Verhaltensweisen, zum Beispiel altruistisches Verhalten, sind ohne kulturelle Motivation kaum denkbar. Wenn auch die meisten Aspekte des menschlichen Sozialverhaltens eine biologische Komponente haben, sie können durch kulturelle Faktoren unterstützt, aber auch korrigiert werden. Wie Korrekturprozesse wirken können, veranschaulicht ein in Abbildung 18 dargestelltes Modell zur Erklärung von uneigennützigem Verhalten (Campbell 1975). Der Konflikt zwischen Egoismus und Altruismus ist durch zwei entgegengesetzte Federkräfte symbolisiert. Das biologische Optimum liegt oberhalb des Nullpunkts, denn bei totaler Selbstsucht ihrer Mitglieder könnte keine Gesellschaft überleben. Zur Illustration wurde dieses Optimum bei 30 Prozent angenommen. Die kulturelle Wertordnung aber fordert totalen Altruismus. Diese Übertreibung ist notwendig, um einen ausreichenden Effekt zu erzeugen. Zwischen biologischem Optimum und kultureller Norm gibt es schließlich einen optimalen Kompromiß, das biokulturelle Optimum. Im Falle unseres Modells wurde es bei 60 Prozent angenommen. Das aus beiden Tendenzen resultierende tatsächliche moralische Verhalten wird durch den Pfeil angezeigt und dürfte heute, wie hier mit 50 Prozent angegeben, sicher nur suboptimal sein. Werden die individuellen Vorteile, die altruistisches Verhalten bietet, erkannt und erlebt, so wird solches Verhalten verstärkt. Herrscht dagegen Mißtrauen oder Unzufriedenheit, und denkt jeder, ›der andere‹ solle zuerst sich altruistisch verhalten, bewegt sich der Prozeß so lange in die Gegenrichtung, bis die Gesellschaft entweder zerfällt oder bessere Einsicht dem Zersetzungsprozeß Einhalt gebietet.

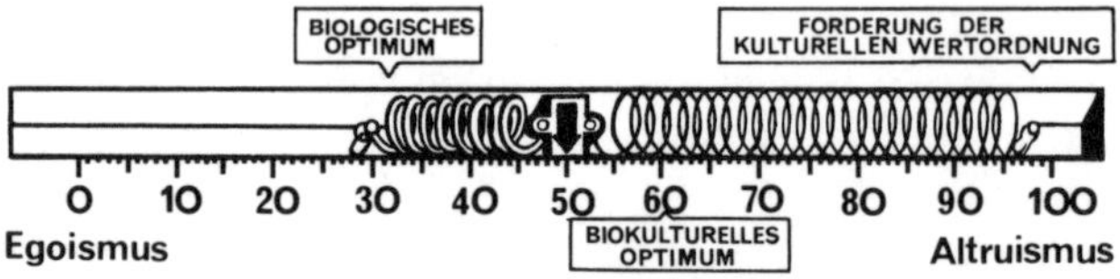

Abb. 18: Modell zur Erklärung von altruistischem Verhalten. Der Konflikt zwischen Selbstsucht und Altruismus ist durch zwei entgegengesetzte Federkräfte symbolisiert. Das biologische Optimum liegt irgendwo oberhalb des Nullpunkts und wurde hier arbiträr auf 30 Prozent gesetzt. Die kulturelle Wertordnung dagegen fördert totalen Altruismus. Zwischen biologischem Optimum und kultureller Norm gibt es einen optimalen Kompromiß, das biokulturelle Optimum. Im Falle dieses vereinfachten Modells wurde es bei 60 Prozent angenommen. Das aus den beiden Tendenzen resultierende tatsächliche moralische Verhalten wird durch den Pfeil angezeigt und dürfte heute, wie hier mit 50 Prozent angegeben, sicher nur suboptimal sein (nach Campbell, 1975).

Vieles, was wie moralisch motiviertes Verhalten aussieht, entpuppt sich allerdings bei genauerer Betrachtung als reiner Opportunismus. Manche Autoren betrachten deshalb die menschliche Natur pessimistisch und behaupten, altruistisches Verhalten sei bloße Heuchelei und verfolge stets egoistische Ziele. Michael Ghiselin schreibt: »Die Evolution der Gesellschaft entspricht dem darwinistischen Paradigma in seiner individualistischen Form. Nichts davon verlangt nach einer anderen Erklärung. Der Gang der Natur ist kompetitiv vom Anfang bis zum Ende. Verstehe dieses Geschehen sowie dessen Funktion, und die den sozialen Erscheinungen zugrunde liegenden Ursachen sind offenkundig. Diese Erscheinungen sind die Mittel, mit denen ein Organismus gewisse Vorteile auf Kosten eines anderen gewinnt. Keine Spur von echter Nächstenliebe verbessert unser Bild der Gesellschaft, wenn einmal die Sentimentalität beiseite gelegt ist. Was als Kooperation gilt, erweist sich als Mischung von Opportunismus und Ausbeutung. Die Impulse, die ein Tier zur Selbstaufopferung für ein anderes führen, finden ihre letzte Erklärung in der Vorteilgewinnung über einen Dritten; und Handlungen ›zum Wohle‹ einer Gesellschaft, werden zum Schaden der übrigen ausgeführt. Wo es in seinem eigenen Interesse liegt, kann vernünftigerweise von jedem Organismus erwartet werden, daß er seinen Kameraden hilft. Wo er keine Alternative hat, fügt er sich dem Joch der kommunalen Sklaverei. Hat er jedoch die volle Möglichkeit, in seinem eigenen Interesse zu handeln, so hält ihn nur die Zweckdienlichkeit vom Brutalisieren, vom Verkrüppeln und vom Vernichten – seines Bruders, seines Gefährten, seiner Eltern oder seines Kindes – zurück. Kratze einen ›Altruisten‹ und sieh einen ›Hypokriten‹ bluten« (1974, 247).

Welchen Standpunkt man auch immer einnehmen mag, eine Gesellschaft ist nur so lange funktionstüchtig, wie ihre Mitglieder Sinn und Vorteil des gesellschaftlichen Zusammenschlusses einsehen. Einzel- und Gruppeninteressen sowie biologische und kulturelle Verhaltensnormen müssen einander ergänzen und auf harmonische Weise optimieren. Es braucht eine dynamische Ganzheit, die durch ihre interaktiven Prozesse zusammengehalten wird, sich ständig weiterentwickelt, nie stillsteht.

Das gemeinsame Merkmal aller Formen kultureller Evolution besteht darin, daß sie von der physikalischen Umwelt zunehmend unabhängiger und von ihrer Eigendynamik getrieben und beherrscht werden. Kulturelle Errungenschaften wie Wirtschaft, Technik, Wissenschaft, Ethik, Religion, Tradition, Staats- und Gesellschaftsstrukturen können das Verhalten des Individuums in gleichem Maße beeinflussen wie dies aufgrund biologischer Voraussetzungen geschieht.

Wenn der Biologe eine bestimmte Verhaltensweise betrachtet, so untersucht er ihre Funktion, das heißt die Überlebensvorteile, die dieses Verhalten der betreffenden Art bietet. Dies ist eine wissenschaftlich berechtigte Fragestellung. Die Interpretation dagegen, ob dieses Verhalten gut oder schlecht sei, hängt von seiner ganz persönlichen und menschlichen Auffassung des Phänomens Leben ab und ist damit nicht mehr wissenschaftlich. Bei der Beurteilung gesellschaftlicher Vorgänge müßte man eigentlich ähnlich verfahren. Psychologen und Psychiater neigen aber dazu, das Individuum in den Mittelpunkt ihrer Betrachtung zu stellen und zu behaupten, die Gesellschaft mache es krank. Den von gesellschaftlichen Wertvorstellungen, Moralsystemen und Religionen vertretenen Verhaltensnormen wird meistens mit größerer Feindseligkeit begegnet als sich wissenschaftlich rechtfertigen läßt. Althergebrachte Verhaltensrezepte müssen aber – zumindest wissenschaftlich gesehen – als Verhaltensnormen betrachtet werden, die bereits eingehender überprüft und in der Praxis getestet wurden. Sie sind damit den reinen Spekulationen über die ›richtige‹ Lebensführung, die Psychologie und Psychiatrie anbieten, von vornherein in gewissem Sinne überlegen (Campbell 1975). Die gesellschaftlichen Traditionen sowie die biologischen Grundlagen des menschlichen Verhaltens verdienen einen gewissen Respekt. Die Evolution hat sie gewissermaßen ausprobiert, da ›Leben‹ ein kontinuierliches Experiment darstellt. Die Tatsache, daß biologische und kulturelle Verhaltensnormen und -neigungen bestehen oder bestanden, beweist, daß sie eine Funktion haben oder hatten. Aufgabe der Wissenschaft ist es, diese Funktionen aufzuzeigen und zu untersuchen, unter welchen Lebensbedingungen die betreffenden Verhaltensnormen und -neigungen notwendig und wirksam sind. Ihre Bewertung dagegen – wie übrigens auch die Auswahl der zu untersuchenden Phänomene – bleibt eine politische Frage; sie hängt von individuellen und gesellschaftlichen Zielsetzungen ab.

Künftige Entwicklungsmöglichkeiten

Es gibt keine Anhaltspunkte oder gar Gründe dafür, daß mit der Entstehung des Menschen auch die Evolution abgeschlossen sei. Äußerst schwierig aber ist es, Prognosen über den weiteren Verlauf der Evolution zu stellen. Immerhin wissen wir, daß Gehirn und Geist nicht nur die individualgeschichtlichen, sondern auch die stammesgeschichtlichen Entwicklungsmöglichkeiten begrenzen. Höherentwickelte Wesen würden vermutlich ebenso wie der Mensch phylogenetisch alte Hirnstrukturen aufweisen. Die Evolution wird auch in Zukunft kaum von ihrem bisherigen Prinzip abweichen, Altes und Bewährtes weiterzuverwenden. Das Vorhandensein dieser phylogenetisch alten Hirnstrukturen – also das Gehirn der Schlange oder des Krokodils im Gehirn des Menschen – wird von manchen Autoren als Nachteil oder als Anachronismus betrachtet (z.B. bei Ditfurth 1976), da es einen ständigen Kampf zwischen unserer Einsicht und unseren Antrieben mit sich bringt. Die Krise der Menschheit ist aber in erster Linie eine geistige Krise. Wir werden nicht durch unsere Triebhaftigkeit bedroht, sondern durch Entwicklungen und Ereignisse, denen Entscheidungen des berechnenden menschlichen Verstandes zugrunde liegen. Was uns Schwierigkeiten macht, ist die Koppelung und Integration von Kopf und Herz, vom Rationalen mit dem Emotionalen. Menschenwürdig wird unser Dasein erst durch die Auseinandersetzung mit dem Archaischen. Diese Auseinandersetzung mit dem Archaischen gibt unserem Erleben die notwendige emotionale Tönung und Spannung sowie den Dingen ihre komplexe Gestalt und individuelle Bedeutung. Sie wirkt leistungsanspornend und garantiert genügend Verhaltensvariabilität. Ein Wesen, das sich ausschließlich rational verhält, hätte wie ein Computer einen sehr begrenzten Handlungsspielraum und könnte deshalb auf die Dauer wohl kaum überleben. Die Verhaltensvariabilität wird – so widersprüchlich das klingen mag – durch Gesetze und Moralsysteme erweitert. Denn obwohl diese sozialen Regulationssysteme das Verhalten einschränken und sogar repressiv auf dieses einwirken können, erhöht die soziale bzw. kulturelle Motivation – die sich rational und emotional begründen läßt – durch ihre Interaktion mit den triebhaften und rationalen Individualinteressen die Gesamtvariabilität der in einem sozialen Gefüge vorkommenden Verhaltensweisen, falls nicht eine dieser drei Komponenten derart überwiegt, daß sie die beiden anderen kaum mehr wirksam werden läßt.

Verhaltensvariabilität und *Unberechenbarkeit* spiegeln die Höhe der jeweils erreichten Evolutionsstufe. Wenn wir eine Hydra stark genug berühren, so zeigt sie eine Rückzugsreaktion, eine Schlange oder ein Krokodil würde vermutlich zubeißen. Die Reaktion eines Menschen aber ist in einem solchen Fall kaum vorhersagbar. Mit zunehmender Entwicklung des Nervensystems nimmt auch die Determiniertheit des Verhaltens ab. Auf den erwähnten Berührungsreiz müssen wir nicht mit einer einfachen Rückzugsreaktion oder mit Zubeißen reagieren; wir haben die anatomischen Voraussetzungen, um unser Verhalten durch komplexe Evaluationsprozesse an eine gegebene Situation differenziert anzupassen. Eine allzu große Verhaltensvariabilität und Unberechenbarkeit aber würde wiederum jegliche Form des Zusammenlebens verunmöglichen. Freiheit ist nicht mit unberechenbarem Verhalten zu verwechseln oder als Gegensatz zur Natur zu betrachten. Nicht eine geringere, sondern eine höhere Bestimmtheit aufgrund der Erkenntnis von größeren Zusammenhängen, aufgrund fernzielender Absichten und Pläne, kennzeichnen freieres Verhalten (Kornhuber 1978). Eine große Verhaltensvariabilität ist nur möglich, wenn ein leistungsfähiges Kontrollorgan in Form des Gehirns zur Verfügung steht. Freiheit besteht im Evaluieren von verschiedenen Möglichkeiten und kann sich gerade darin zeigen, aus der vorhandenen Auswahl die moralisch verantwortbaren Lösungen zu finden, denn Freiheit beinhaltet nicht nur Rechte, sondern auch Pflichten. Heute aber sprechen wir mehr von Rechten und denken wenig an die damit verbundenen Pflichten. Gerechtigkeit aber ergibt sich nur auf der Grundlage eines harmonischen Zusammenwirkens von Rechten und Pflichten. So setzt das Recht der Redefreiheit die Pflicht zur Ehrlichkeit voraus.

Entfaltung und Selbstverwirklichung des Einzelnen müssen immer in eine Gemeinschaft hinein wirken und ihr verpflichtet sein. Sie finden dort ihre Grenzen, wo sie die Entfaltung der Mitmenschen behindern sowie die Tragfähigkeit der Umwelt und die eigenen Verhaltensmöglichkeiten überfordern, so daß ernsthafte Konflikte entstehen. Man muß seine Grenzen erkennen und akzeptieren; erst dadurch eröffnen sich Freiheitsräume, innerhalb derer man sich entfalten kann. Damit aber erblickt man auch die Freiräume der Mitmenschen, die sich ebenfalls entfalten möchten. Um aber genügend Freiräume für alle Menschen zu haben, ist eine gesellschaftliche Ordnung mit Gesetzen und Moralsystemen notwendig. Doch auch hier bedarf es eines vermittelten Optimums: Zuviel Gesetze und zuviel Moral zerstören ebenso die Entfaltungsmöglichkeiten des Individuums wie eine durch Gesetz- und Morallosigkeit bedingte gesellschaftliche Unordnung. Eine nur statische Ordnung könnte diese Optimalitätsforderung niemals erfüllen, da sich individuelle und kollektive Ansprüche ständig wandeln. Jedes Gesellschaftssystem muß im evolutiven Sinne lebendig sein, ein dynamisches Eigenleben aufweisen, nach höheren Organisationszuständen und nicht nach größerer Zufälligkeit streben.

Theoretisch wäre es möglich, daß durch das Zusammenspiel von biologischer und kultureller Evolution ein Supermensch entsteht; es ist aber sinnlos, sich darüber den Kopf zu zerbrechen. Wir könnten ein über unserer Entwicklungsstufe stehendes Wesen nicht verstehen. Bereits beim Verstehenwollen des Menschen, seines Verhaltens und seiner Schöpfungen, stoßen wir an unsere Erkenntnisgrenzen. Weder wir noch viele spätere Generationen können die Entstehung eines zukünftigen ›Supermenschen‹ je erleben, denn die biologische Entwicklung verläuft äußerst langsam. In dem Maß, wie sich der Mensch vom Ökologischen und Biologischen emanzipierte und die eigene Evolution in seine Hände nahm, sind die kulturelle, ganz besonders die zivilisatorische Evolution mit ihren Auswirkungen auf die ökologischen und biologischen Gegebenheiten für die Zukunft der Menschheit von größerer Bedeutung als jede weitere biologische Evolution. Der Verlauf und die Möglichkeiten jeglicher Form von zukünftiger biologischer wie kultureller Evolution werden durch das Verhalten der Menschen bestimmt. Wir tragen die Verantwortung dafür.

Gemäß der Theorie dissipativer Strukturen benötigen komplexe offene Systeme eine ausreichende Variabilität, um mit neuen Situationen fertig zu werden. In einer Zeit mit starkem Wandel besitzen deshalb nur pluralistische Gesellschaften wirkliche Überlebens- und Entwicklungschancen. Eine Vielfalt an Werten, denen nachgelebt wird, vermag überdies den innerhalb der betreffenden Gesellschaft stattfindenden Verteilungskampf zu entschärfen.

Tiere verfolgen in erster Linie das Ziel, zu überleben und sich fortzupflanzen. Sind die dazu erforderlichen Ressourcen knapp, so entsteht eine harte Wettbewerbssituation. Diese läßt sich durch ein erhöhtes Angebot entschärfen. Es ist somit vorteilhaft, wenn die einzelnen Mitglieder einer Gesellschaft nicht alle das gleiche Ziel, sondern individuell verschiedene Ziele anstreben, vorausgesetzt, daß daraus keine allzu großen gegenseitigen Behinderungen resultieren und die Integrationsfähigkeit des Systems nicht überlastet wird. Dieses braucht ein Optimum an Pluralität, nicht aber ein Maximum.

Die jeweils unterschiedliche Begabung und Entwicklung der Individuen hat zur Folge, daß die gesellschaftlichen Bedingungen nicht für alle gleich günstig sein können. Es wird immer Bevorzugte und Benachteiligte geben. Eine Veränderung der Gesellschaftsstruktur könnte auch daran nichts ändern, lediglich würden andere in bevorzugten Positionen stehen, und neue Machthaber an die Stelle der alten treten. Verbesserungen in einem Gesellschaftssystem aber sind möglich, wenn neue Verhaltensmöglichkeiten und Betätigungsfelder mit alternativen Zielen geschaffen werden. Kritik an Mißständen reicht dazu nicht aus, es muß auch etwas Kreatives geleistet werden, das sich durchsetzt, wenn es genügend attraktiv ist. Beispielsweise entstand die Glühbirne nicht durch Inszenieren von lautstarken Protesten gegen die damals übliche Gas- und Petrolbeleuchtung. Eine Reihe erfinderischer Köpfe bemühte sich, die Situation von sich aus zu verbessern und erzielte einige Teilerfolge. Schließlich gelang Thomas Alva Edison der entscheidende Durchbruch. Wie in Abbildung 16 aufgezeigt, führt die Verhaltensstrategie, das Bestehende ständig weiterzuentwickeln, in unserer jüngsten Vergangenheit zu einer gewaltigen technischen Entwicklung.

Im gesellschaftlichen und geistigen Bereich sind Vorteile, die eine Neuschöpfung gegenüber dem Bestehenden aufweisen, weniger eindeutig erkennbar. Aber auch hier setzen sich überlegene Lösungen auf Dauer durch, wobei individuellen Bedürfnissen Rechnung getragen wird, wenn ein Problem mehrere Lösungen findet. Der dazu erforderliche Pluralismus könnte bewirken, daß jeder einzelne wenigstens in irgendeinem kleinen Teilbereich der Gesellschaft zu den Bevorzugten gehört. Derartige Einzelvorteile sollten genutzt werden, um für Leistungen zum Wohle der Allgemeinheit zu motivieren, die freiwillig nicht erbracht würden. Derartige Gesellschaften könnten sich an sich verändernde innere und äußere Bedingungen besser anpassen, als eine starr in Bevorzugte und Benachteiligte aufgespaltene Gesellschaft, in der eine kleine Minderheit Vorteile genießt, die den übrigen vorenthalten bleiben.

Kulturelle wie biologische Evolution kann in Sackgassen führen. Um derartige Mißerfolge zu vermeiden, müssen rechtzeitig Korrekturmaßnahmen ergriffen werden. Da sich aber im kulturellen Bereich der Entwicklungsverlauf noch weit weniger als im biologischen Bereich voraussagen läßt, können Eingriffe nur aufgrund mangelhafter Kenntnisse ihrer Folgen vorgenommen werden. Unkenntnis und Handlungszwang machen es unmöglich, die jeweils beste Korrekturmaßnahme zu ermitteln. Man muß sich mit annehmbaren Lösungen für die akuten Probleme begnügen. Die im bisherigen Evolutionsgeschehen erkennbaren Gesetzmäßigkeiten legen nahe, Korrekturmaßnahmen nicht aufgrund einer hochtrabenden und abstrakten, sondern einer möglichst konkreten Planung auszuwählen. Erfolgreich lassen sich Korrekturmaßnahmen meist nur in überblickbaren Bereichen durchführen. Sie sollten auch nicht anonymen Institutionen übertragen werden, sondern Individuen, die in eigener Verantwortung handeln und somit auch die Folgen tragen. Nur so bleibt der Regelkreis geschlossen. Korrekturmaßnahmen müssen auch einfach sein, um nicht in Details verstrickt zu werden. Die sich aus den Korrekturmaßnahmen ergebenden Auswirkungen auf das Gesamtsystem müssen dabei laufend überprüft werden, damit durch neue Eingriffe der Entwicklungsverlauf rechtzeitig in geeignetere Bahnen gelenkt werden kann.

Die besten Entwicklungschancen haben Systeme, die mit einem Minimum an eingreifenden Korrekturmaßnahmen auskommen und sich weitgehend selbst steuern. Ein bewährtes Verfahren, um selbststeuernde Prozesse sich entfalten zu lassen, ist der offene Wettbewerb. Er schafft ein fruchtbares Klima für gute Leistungen, indem er die Eigeninitiative fördert, Fehlentwicklungen an der Wurzel korrigiert und die systeminterne Komplexität verringert. Wie jeder Wettbewerb funktioniert auch der offene Wettbewerb nur durch Selektion. Es wird zwar gefordert, Selektion abzuschaffen, aber ohne eine auf ihre Zielsetzungen abgestimmte Selektion kommt kein Gesellschaftssystem aus. Das Leben stellt uns ständig vor neue Prüfungen; wir müssen lernen, sie zu bestehen. Selektion erzeugt Leistungsmotivation und fördert Entwicklungsprozesse, wenn sie offen und durchschaubar ist. Versteckte, komplizierte und undurchschaubare Selektionsmechanismen dagegen erzeugen lediglich Leistungsdruck, sie lassen keine sinnvollen Entwicklungen mehr zu. Im Biologischen erfolgt Selektion aufgrund des Überlebenskriteriums. Im kulturellen Bereich aber gibt es Selektion der verschiedensten Art, entsprechend der Verschiedenheit der angestrebten Ziele. Wie bereits dargelegt, vermag eine Pluralität von Zielen, die sich darin äußert, daß nicht jeder dasselbe anstrebt, die Wettbewerbssituation und somit den Selektionsdruck zu entschärfen. Dieser Selektionsdruck bildet aber nicht allein die Voraussetzung für evolutive Prozesse; erst sein Zusammentreffen mit Eigendynamik und Variabilität setzt die Evolution in Gang. Ein ausreichendes Angebot ermöglicht offenen Wettbewerb und zweckmäßige Auswahl.

Biologische Rahmenbedingungen der menschlichen Existenz

Die biologische Evolution führte zur Entwicklung des Menschen, der seine Umwelt tiefgreifender zu verändern und zu beeinflussen versteht, als dies anderen Lebewesen bisher je möglich war. Der Vorgang dieses Eingreifens des Menschen in seine Umwelt beschleunigte sich noch in der Neuzeit und führte gleichzeitig zu Veränderungen der sozialen Strukturen und Verhaltensnormen. Die Änderungen von Verhaltensnormen erfolgen aber erst mit einer zeitlichen

Verzögerung, denn zunächst muß sich durch Erfahrung erweisen, daß die biologische wie kulturelle Notwendigkeit für eine bestimmte Verhaltensnorm nicht mehr besteht.
In unserer Zeit erfolgen die Veränderungen in Umwelt und Gesellschaft zunehmend schneller. Dieses Wandlungstempo führt aber zu schwerwiegenden Konflikten mit dem relativ konservativen Ökosystem der übrigen Lebewesen, den langsam wachsenden biologischen Verhaltensnormen unserer eigenen Art und schließlich auch mit unserem eigenen kulturellen Erbe. Es scheint, daß Kultur über ein ebenso inhärentes Wandlungstempo, das nicht gesteigert werden kann, verfügt wie der Genpool.
In bezug auf den Konflikt mit der Umwelt müssen wir heute mit Schrecken feststellen, daß unsere Eingriffe in die Natur für den Menschen und das Leben überhaupt zu einer echten Gefahr werden und unsere Weiterexistenz bedrohen. Moral und kulturelle Verhaltensnormen dürfen in Zukunft nicht mehr bloß auf Gesellschaft und Individuen bezogen bleiben, sie müssen auch die ökologischen Gegebenheiten in Betracht ziehen. Die Erde garantiert nicht unser Überleben unabhängig von unserem Verhalten.
Der Konflikt mit den biologischen Verhaltensnormen unserer eigenen Art wird deutlich, wenn wir unseren Lebensstil mit den in Tabelle 2 zusammengestellten sozialen Verhaltensweisen vergleichen. In der stammesgeschichtlichen Vergangenheit des Menschen und seiner nächsten tierischen Verwandten sind die folgenden, erst seit wenigen Jahrzehnten oder Jahrhunderten auftretenden Situationen nicht vorgekommen:

1. Gruppen von mehr als 100 Individuen, die sich nicht selbst organisieren und transparent bleiben, sondern von außen nach Effizienzmaßstäben organisiert werden; unklare Gruppenzugehörigkeit;

2. mehr Kontakte mit Fremden als mit vertrauten Individuen;

3. mehr Kontakte über ›technische‹ Hilfsmittel wie Zeitung, Briefe, Telefon, Radio, Fernsehen und ähnliches statt persönliche Kontakte;

4. zu hoher oder zu niedriger Anteil neuartiger Aktivität im Vergleich mit vertrauter Aktivität; mehr passive als aktive Erfahrungen;

5. soziale und technische Veränderungsraten, die Erfahrungen und Haltungen einer Generation für die nächste irrelevant machen;

6. mehr Lernkontakte mit Maschinen als mit Lebewesen und entsprechende Denkmodelle;

7. mangelnde Direkterfahrung mit den eigenen ökologischen Lebensvoraussetzungen;

8. zahlreiche Einzelkinder, die mit nur einem Elternteil – meist der Mutter – aufwachsen und so nur wenige Kontakte mit anderen Familienangehörigen haben.

Man muß annehmen, daß die biologischen Verhaltensnormen des Menschen gar nicht in diese Situationen passen. Die erwähnten Lebensbedingungen sind, wie Tierversuche zeigen, potentiell pathogen. Biologische Rahmenbedingungen werden erst dann erkannt, wenn die Lebensumstände sich ändern. So wurde die Notwendigkeit, daß Kleinkinder spätestens vom zweiten Lebensmonat an für mindestens etwa zwei Jahre die Möglichkeit haben müssen, sich an eine während dieser Periode nicht wechselnde Bezugsperson zu binden, erst entdeckt, als sich die traditionelle Familienstruktur zu ändern begann. Bis vor wenigen Generationen wurde diese Forderung vom damals üblichen Lebensstil quasi instinktiv erfüllt und deshalb gar nicht als Problem empfunden.
Der Konflikt mit dem kulturellen Erbe wird hervorgerufen durch den schnellen sozialen Wandel und die vielfältige Variabilität der gesellschaftlichen Institutionen sowie die zunehmend größer werdende Flexibilität und Unvereinbarkeit zwischen den überlieferten und teilweise auch stillschweigend akzeptierten kulturellen Verhaltensnormen und Werten einerseits und dem tatsächlich gezeigten Verhalten andererseits. In gleicher Weise wie erworbenes Verhalten auch angeborene Komponenten beinhaltet, die die Rahmenbedingungen vorgeben, enthält Kultur stets

auch biologische Komponenten, die die Möglichkeiten kulturellen Wandels begrenzen. Die daraus folgenden unterschiedlichen Entwicklungsgeschwindigkeiten im kulturellen Bereich führen zu Asynchronien, die heute zunehmend größer werden. Verhaltensregelungssysteme der Gesellschaft könnten aber dann zusammenbrechen, wenn der soziale Wandel sich gleichsam von der kulturellen Grundlage beginnt abzuheben. Untersuchungen, die die Problematik dieser Asynchronien erforschen, drängen sich geradezu auf. Sollten diese die geäußerten Befürchtungen bestätigen, so müßte die Geschwindigkeit des sozialen Wandels so weit vermindert werden, daß sich die Asynchronien in tolerierbaren Größenordnungen halten. Da sich unser Lebensstil aber immer mehr von den ökologischen Lebensvoraussetzungen, den biologischen Verhaltensnormen und dem kulturellen Erbe entfernt, stellt sich die Frage, was eigentlich geändert werden sollte. Die Naturgesetze lassen sich gewiß nicht umkrempeln. Wir müssen bei uns selbst ansetzen, entweder an der Erbsubstanz oder am Verhalten. Genetische Manipulationen wären ein zu großes Wagnis mit unabsehbaren Folgen und sind aus moralischen Gründen abzulehnen. Ein solches Unterfangen würde zudem zu viel Zeit beanspruchen, da es viele Generationen erforderte. Dagegen dürfte es erfolgversprechender sein, menschliches Verhalten und damit die sozialen Umweltbedingungen gezielt zu beeinflussen. Eine Hauptforderung wäre wohl der Verzicht auf die Ausschöpfung aller potentiellen Möglichkeiten, die sich der Mensch im Prozeß der kulturellen Evolution erworben hat. Eine integrale Ethik des Verzichts müßte für jedes existierende oder noch zu entwickelnde Können prüfen, ob und wie weit auf seine Ausübung aus biologischen oder gesellschaftspolitischen Gründen verzichtet werden soll. Begrenztheitsbewußtsein und Verzicht des Menschen auf die Maximierung seiner biologischen Möglichkeiten, sich zu vermehren, wie seiner kulturellen Möglichkeiten, die Welt zu verändern, sind nicht nur pragmatisch vernünftig, sondern lassen sich auch als eine durch die Evolution gestellte Aufgabe und somit als etwas Sinnerfüllendes betrachten.

Aus biologisch-ökologischen Gründen lassen sich etwa die folgenden, zunächst zwar noch kaum erfüllbaren, aber von vielen Biologen, Umweltschützern und auch Politikern bereits vertretenen Forderungen aufstellen:

1. Verzicht auf eine – nur noch kurzfristig effiziente – weitere Entflechtung der Funktionen in Landwirtschaft und Industrie sowie Wiederherstellung dezentralisierter, funktionell verflochtener, sozial befriedigender Kleingesellschaften, mit überschaubaren Machtstrukturen und Kommunikationsnetzen; Erhaltung statt Zerstörung lokaler Kultur.

2. Verzicht auf komplizierte und unübersehbare Abhängigkeitsverhältnisse schaffende Großtechnologie; menschen- und naturgerechte, also angepaßte, sanfte, mittlere und kleine Technologie statt naturüberwindende Technologie; pluralistische statt einheitliche Lösungen für technische und soziale Probleme sowie allgemein verständliche statt komplizierte Verfahrensweisen mit Abhängigkeit von ›Experten‹.

3. Verzicht auf ständig zunehmendes Wirtschaftswachstum sowie eindimensionales Produktions- und Konsumdenken; Kreislauf- statt Durchbruchprinzip; Erhaltung statt Expansion; Wiederverwendung und Wiedergewinnung statt Verschleiß.

4. Verzicht auf übermäßige Machtkonzentration und Bürokratie; Partizipation und Selbstbestimmung statt System- und Sachzwänge; demokratische, durch aktive Mitarbeit aller gekennzeichnete transparente Politik statt passive zustimmung der Massen durch Akklamation.

5. Verzicht auf unnötige Gesetzesinflationen; es ist ebenso notwendig, überflüssige Gesetze abzuschaffen wie neue aufzustellen; die Begrenzung individueller Ansprüche muß durch harmonisches Ineinandergreifen von gesetzlichen Vorschriften und Selbstverantwortung erfolgen.

6. Verzicht auf eine der Generationsdauer nicht angemessene Veränderungsrate des sozialen Wandels.

7. Verzicht auf eine bloß an individuellen Vorteilen orientierte Anwendung der Medizin.

8. Verzicht auf Vergrößerung sowie fallweise Reduktion der Bevölkerungsdichte auf ein der verringerten Wirtschaftsleistung angepaßtes Maß.

Unsere weitere kulturelle Entwicklung und Entfaltung ist sicher nur möglich, wenn die Menschheit als Art überlebt. Den Sinn des Menschlichen aber nur im nackten Überleben zu sehen, ist ebenso gefährlich wie die Forderung nach unbegrenzter Entfaltung seiner potentiellen Möglichkeiten. Notwendig ist deshalb ein gegenseitiges Abwägen von ökologischen und humanen Interessen im Sinne der Optimierung – nicht Maximierung – des Mitmenschlichen. Sowenig wie soziale Forderungen erhoben werden dürfen, ohne die ökologischen Konsequenzen zu bedenken, dürfen auch biologisch lebensgerechte Thesen nicht forciert werden, ohne die sozialen Folgen zu beachten. Die Konkretisierung der ökologisch abgeleiteten Verzichtsforderungen muß unter dem Gesichtspunkt des Lebens- wie Menschengerechten beurteilt werden, und sie läßt sich nur durchführen, wenn eine unmittelbare Notwendigkeit dazu besteht. Auf liebgewonnene Bequemlichkeiten und persönliche Vorteile wird der einzelne Mensch kaum freiwillig verzichten. Er wird aber darauf verzichten, wenn die aus Egoismus resultierenden Nachteile und die aktuelle Situation ihn dazu zwingen. Die Ölkrise von 1973 zeigt, daß Appelle an die Vernunft wirkungslos bleiben. Die meisten Menschen sind zu große Egoisten, um sich über das Deklamatorische hinaus auch tatsächlich mit der ganzen Menschheit solidarisch zu zeigen. Staatliche Maßnahmen jedoch, die nicht durch akute Notlage begründet sind, müssen wohl aus praktischen wie moralischen Gründen abgelehnt werden. Maßnahmen, die auf das Wohl kommender Generationen ausgerichtet sind und von der heute lebenden Bevölkerung Verzicht verlangen, wären in einer Demokratie politisch nicht realisierbar; sie würden zudem die Frage aufwerfen, wer befugt sei, darüber zu entscheiden, was seine Mitmenschen nicht mehr machen dürfen. Gesetzgeber und private Organisationen sollten vielmehr durch Aufbau geeigneter Belohnungssysteme Anreize für Verhaltensweisen schaffen, die weder umweltbelastend sind noch knappe Güter und Energievorräte aufbrauchen. Dem positiv zu wertenden menschlichen Tätigkeitsdrang müßten vor allem im sozialen und kulturell-geistigen Bereich vermehrt attraktive Betätigungsfelder eröffnet werden. Der Mensch erhält sich vermutlich dann die besten Entwicklungsmöglichkeiten, wenn es ihm gelingt, seinen aus der biologischen Evolution hervorgegangenen Geist nicht nur auf materieller, sondern vor allem auf nichtmaterieller Ebene zu entfalten. Zukünftige Expansionen müssen nach innen erfolgen, wir brauchen geistiges Wachstum. Zu großes materielles Wachstum bedroht unsere menschliche Existenz.

John C. Eccles

INTERAKTION VON GEHIRN UND GEIST

Die vorangehenden Kapitel haben gezeigt, wie durch einen langwierigen Entwicklungsprozeß das menschliche Gehirn entstand und welche Verhaltensmöglichkeiten vorhanden sind, wenn der sich seiner selbst bewußte menschliche Geist dieses Gehirn als Instrument benutzt. Im folgenden wollen wir nun auf die zentrale Frage eingehen, wie Gehirn und Geist zusammenwirken und dadurch unser bewußtes Erleben und Verhalten hervorbringen.

THEORIEN ÜBER DIE BEZIEHUNGEN ZWISCHEN GEHIRN UND GEIST

Generell betrachtet gibt es zwei Theorien über die Art und Weise, wie das Verhalten zu der geordneten und effektiven Einheit gestaltet werden kann, die es doch offensichtlich ist. Erstens gibt es die auf den Anschauungen des monistischen Materialismus und all seinen Parallelformen beruhende Erklärung. Gemäß den gegenwärtigen neurologischen Theorien wirken die verschiedenen Inputs in das Gehirn aufgrund der vielen strukturellen und funktionellen Schaltverbindungen aufeinander ein, um irgendeinen integrierten Output an motorischer Leistung zustande kommen zu lassen. Das Ziel der Hirnforschung besteht darin, eine immer zusammenhängendere und immer vollständigere Darstellung der Art und Weise zu erarbeiten, wie die Gesamtleistung eines Tieres ebenso wie auch die eines Menschen mit Hilfe der erwähnten Begriffe erklärt werden kann. Ohne zu sehr ins Dogmatische zu verfallen, kann festgestellt werden, daß es das Ziel der Hirnforschung ist, eine

Theorie aufzustellen, die im Prinzip zu einer vollständigen Erklärung aller Verhaltensweisen der Tiere und des Menschen, einschließlich des menschlichen Verbalverhaltens, fähig ist. Mit einigen wichtigen Vorbehalten verfolge ich das gleiche Ziel in meiner eigenen experimentellen Arbeit, und ich glaube, daß sich dieses Vorgehen zur Erforschung von automatischen und unbewußten Handlungen erfolgreich anwenden läßt, sogar wenn diese von kompliziertester Art sind. Ich glaube jedoch, daß diese reduktionistische Strategie bei dem Versuch, die höheren Stufen bewußter Leistungen des menschlichen Gehirns zu erklären, versagen wird.
Zweitens gibt es die sich auf eine dualistische Wechselwirkung beziehende Erklärung, die speziell für den sich seiner selbst bewußten Geist und das menschliche Gehirn entwickelt worden ist. Diese postuliert, daß – den Neuronen-Mechanismus in allen seinen Leistungen überlagernd – an bestimmten Stellen der beiden Hirnhemisphären (in den sogenannten Liaisonarealen) wirksame Wechselbeziehungen mit dem sich seiner selbst bewußten Geist stattfinden, und zwar sowohl aufnehmend als auch abgebend.
Ich möchte hier kurz auf die von Karl Popper (1972) stammende philosophische Grundlage meiner Erörterung verweisen. Wie Abbildung 19 veranschaulicht, ist alles Bestehende und alle Erfahrung in einer der folgenden drei Welten enthalten: Welt 1, die Welt der physikalischen Gegenstände und Zustände; Welt 2, die Welt der Bewußtseinszustände und des subjektiven Wissens jeglicher Art; Welt 3,

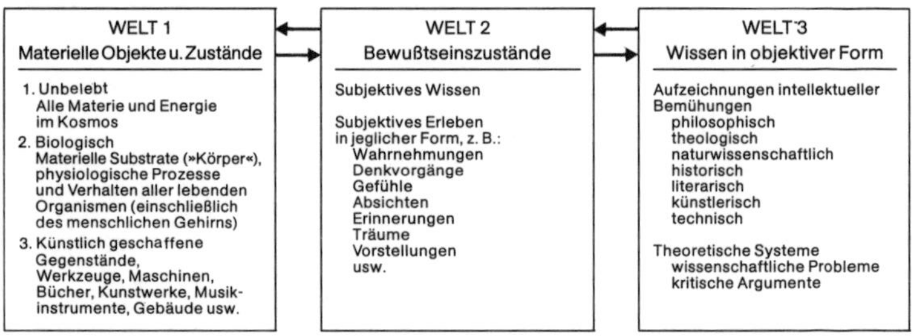

Abb. 19: Tabellarische Darstellung von Poppers Modell der drei Welten, die alles Existierende und alle Erfahrungen umfassen (Eccles 1970).

die Welt der vom Menschen geschaffenen Kultur, einschließlich der Gesamtheit des Wissens in objektiver Form. Außerdem nimmt man an, daß zwischen diesen Welten Wechselwirkungen bestehen, und zwar herrscht eine Wechselwirkung zwischen Welt 1 und Welt 2 sowie auch zwischen Welt 2 und Welt 3 – teilweise durch die Vermittlung über Welt 1. Das objektive Wissen, das zur Welt 3 (der vom Menschen geschaffenen Welt der Kultur) gehört, ist in den verschiedenen Objekten der Welt 1 – in Büchern, Bildern, Strukturen, Maschinen – festgehalten und kann nur dann wahrgenommen und erkannt werden, wenn es durch die geeigneten Rezeptororgane und afferenten Bahnen zum Gehirn geleitet wird.
Umgekehrt kann die Welt der bewußten Erfahrung (Welt 2) auch Veränderungen in der Welt 1 bewirken, zunächst im Gehirn, das dann entsprechende Muskelkontraktionen zur Folge hat. Auf diese Weise ist die Welt 2 in der Lage, extensiv auf die Welt 1 einzuwirken. Dies ist der Ablauf der Willkürbewegung, die später noch eingehender behandelt wird.
Die dieser trialistisch-interaktionistischen Hypothese zugrunde liegenden Wechselwirkungen kann man graphisch folgendermaßen darstellen: Welt 1 $\longleftrightarrow$ Welt 2 und Welt 3 $\longleftrightarrow$ Welt 1 $\longleftrightarrow$ Welt 2, wobei der Ausdruck Welt 2 $\rightarrow$ Welt 1 das Problem der Willkürbewegung enthält und Welt 1 $\rightarrow$ Welt 2 das Problem der bewußten Wahrnehmung.
Abbildung 20 definiert das Problem Gehirn und Geist sehr knapp in Form der drei Hauptkomponenten, die allgemein für Welt 2 angenommen werden. Da ist zunächst der äußere Sinn, der sich spezifisch auf die Wahrnehmungen bezieht, die unmittelbar durch die Inputs der Sinnesorgane (Auge, Gehör, Tastsinn, Geruchs-, Geschmacks- und Schmerzrezeptoren usw.) vermittelt werden. Zweitens gibt es den inneren Sinn, der eine große Vielzahl kognitiver Erfahrungen umfaßt: Gedanken, Gefühle, Erinnerungen, Träume, Vorstellungen, Absichten. Drittens, und zwar im Kern von Welt 2, liegt das Selbst oder das Ich, das die Grundlage der persönlichen Identität und Kontinuität darstellt, die jeder von uns sein ganzes Leben hindurch erfährt und das zum

Beispiel auch die täglich während des Schlafs auftretenden Bewußtseinslücken überbrückt. Jeden Tag kehrt unser Bewußtsein zurück, wobei seine Kontinuität im wesentlichen erhalten bleibt, ungebrochen durch die während des Schlafs verbrachten Stunden der Bewußtlosigkeit. Auf die funktionellen Einzelheiten der in Abbildung 20 dargestellten Vorgänge wird später eingegangen werden. Einstweilen muß darauf hingewiesen werden, daß keines der in Welt 2 aufgeführten Items (Abb. 20) als solches auch in Welt 1 existiert, obgleich es für unsere äußeren Sinne gewöhnlich irgendein

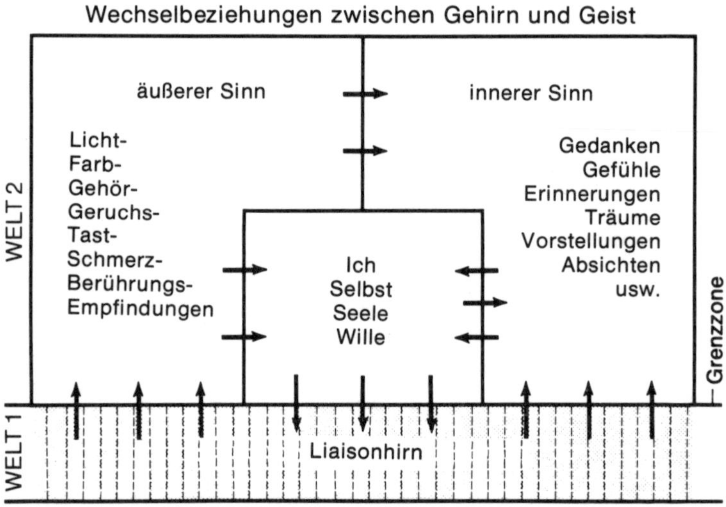

Abb. 20: Diagramm des Informationsflusses zwischen Gehirn und Geist. Das Diagramm stellt die drei Komponenten der Welt 2 dar: äußerer Sinn, innerer Sinn und das Ich oder Selbst nebst der zwischen ihnen vorhandenen Verbindungen. Gezeigt werden auch die Kommunikationslinien, die über die Grenze zwischen Welt 1 und Welt 2, das heißt vom Liaisonhirn aus zu diesen Komponenten der Welt 2 hin- und von ihnen wegführen. Der säulenartige Aufbau des Liaisonhirns (vgl. Abb. 22) ist angedeutet. Man muß sich jedoch vorstellen, daß die Ausstattung des Liaisonhirns mit offenen Modulen (vgl. Abb. 30) ungeheuer groß ist, da deren Zahl wahrscheinlich mehrere hunderttausend beträgt und nicht bloß etwa vierzig wie hier angedeutet.

Signalsystem in Welt 1 gibt, so z.B. elektromagnetische Wellen für Licht und Farbe, Druckwellen in der Luft für Schall, chemische Substanzen für Geschmack und Geruch.
Über die Theorien, die vorgeschlagen wurden, um das Körper-Geist-Problem zu lösen, liegt eine riesige Literatur vor, und es gibt auch eine gewaltige Fülle technischer Bezeichnungen, die von den Urhebern dieser Theorien stammen. Es wird deshalb vorgeschlagen, zuerst die Theorien zu betrachten, die zur materialistischen oder physikalischen Kategorie gehören.

Radikaler Materialismus oder Behaviorismus

Von dieser Theorie wird die Existenz bewußter oder geistiger Prozesse abgelehnt. Sie alle werden auf Verhalten oder Verhaltenstendenzen reduziert. Deshalb handelt es sich hier um eine rein materialistische Interpretation, die alle menschlichen Leistungen und Erfahrungen auf Aktionen des Gehirns zurückführt. Bei dieser vollständigen Reduktion auf Gehirnleistungen wird das Körper-Geist-Problem also ausgeschaltet. Der weniger radikale Behaviorismus, den Burrhus Frederic Skinner in seinem Buch »Beyond Freedom and Dignity« (1971) entwickelt, leidet ebenfalls an dem verhängnisvollen Mangel, daß er die Bedeutung der ganzen Welt bewußter Erfahrungen (vgl. Welt 2 in den Abb. 19 und 20) leugnet, die uns doch die Grundlagen unserer Wirklichkeit liefern. Weitere Einwände werden an späterer Stelle vorgebracht.

Panpsychismus

Es gibt viele Varianten des Panpsychismus, aber die Grundlehre besagt, daß alle Materie einen inneren Aspekt mit geistähnlichen oder geistigen Eigenschaften und einen äußeren Aspekt mit materiellen Eigenschaften hat, d.h., sie ist dualistisch. Außerdem wird von dieser Lehre die Meinung vertreten, daß einfache Gebilde anorganischer Materie primitive oder elementare geistige Eigenschaften besitzen, die man zuweilen als vorpsychisch bezeichnet. Im Verlauf der biologischen Evolution entwickelten sich diese Eigenschaften entsprechend der zunehmenden Komplexität der Organisation der Materie, wobei der höchste Stand der Entwicklung im menschlichen Gehirn mit seinen reichen geistigen Fähigkeiten erreicht wurde.

Der Panpsychismus ist eine sehr alte Lehre, die auf die Vorsokratiker, besonders auf die Hylozoisten zurückgeht, die als Substanz aller Dinge einen belebten Urstoff annahmen; diese Lehre wurde von Spinoza und Leibniz weiterentwikkelt. Sie ist sogar von neueren Biologen wie Conrad WADDINGTON (1975) und Bernhard RENSCH ([3]1972) wiederaufgenommen worden. Die Anziehungskraft dieser Lehre liegt in der einfachen Lösung des Evolutionsproblems: Wann und wie entstand im Verlauf der biologischen Evolution der Geist? Die Panpsychisten antworten auf diese Frage, daß er immer da war, daß er aber im Verlauf der sich entwickelnden Komplexität des Zentralnervensystems fortschreitend verfeinert wurde. Auf diese Weise umgehen sie die beunruhigende Frage der Emergenz im Verlauf der Evolution, dies aber nur auf Kosten eines Glaubens, der im Licht der modernen Physik absurd und phantastisch erscheint. Wie kann man Atomen und Elementarteilchen, Elektronen, Protonen und Neutronen eine geistähnliche Eigenschaft zuerkennen? Wo doch zum Beispiel zwei Atome desselben Isotops, ungeachtet ihrer vergangenen Geschichte, physikalisch völlig identisch sind!

Epiphänomenalismus

Die als Epiphänomenalismus bekannte philosophische Richtung anerkennt die Existenz geistiger Erfahrungen, also Welt 2 in den Abb. 19 und 20, aber zugleich behauptet der Epiphänomenalismus, daß diese Erfahrungen unwirksame Nebenerscheinungen der Gehirntätigkeit seien. Die ursächliche Wirksamkeit von Welt 2 wird verneint. Die Gehirnvorgänge allein seien ausschlaggebend, um Aktionen in der Welt herbeizuführen. Die bewußten Erfahrungen, die in Abb. 20 angegeben sind, hätten keine biologische Bedeutung für Überleben und natürliche Selektion. Es ist nicht allgemein erkannt worden, daß der von Thomas HUXLEY so vorbehaltlos befürwortete Epiphänomenalismus mit der Evolutionstheorie in Widerspruch steht, weil er behauptet, daß sich Eigenschaften lebender Organismen entwickelt und am Leben erhalten haben, die überflüssig und biologisch bedeutungslos, ja sogar redundante Epiphänomene seien.

Die Identitäts- oder Innenzustandstheorie

Diese Theorie ist eine Modifikation von Panpsychismus und Epiphänomenalismus, weicht aber von diesen insofern ab, als sie postuliert, daß geistige Prozesse (Welt 2) »identisch« seien mit gewissen Gehirnprozessen (Welt 1 in den Abb. 19 und 20). Die geistigen Prozesse werden von innen her erlebt (Wissen durch Bekanntschaft), wohingegen die »identischen« Vorgänge im Gehirn von außen her erlebt werden (Wissen durch Beschreibung). Zwischen Welt 1 und Welt 2 finde keine Wechselwirkung statt. Die geistigen Prozesse seien einfach die physikalischen Vorgänge im Gehirn oder vielmehr eine Unterklasse der Gehirnvorgänge. Aufgrund dieser Identität seien die geistigen Prozesse real und wirksam. Diese psychophysikalische Identitätstheorie wurde von Herbert FEIGL (1967) bis in alle Einzelheiten entwickelt und erklärt. David ARMSTRONG (1969) hat sie dann als die Innenzustandstheorie (»central state theory«) neu formuliert.

Bei dem Versuch, dieses grundlegende Konzept der Identität zu erklären, hat man verschiedene Analogien oder Metaphern vorgeschlagen: der Morgenstern und der Abendstern als ein und derselbe Stern, nämlich der Planet Venus; Nebel und Wolke als Innen- bzw. Außenansicht einer Ansammlung feiner Wassertröpfchen; Gen und DNA-Molekül; Blitzstrahl und elektrische Entladung. Alle diese Beispiele sind jedoch unbefriedigend, wie Polten 1973 in seiner sehr

eindrucksvollen und erfolgreichen Kritik der psychophysikalischen Identitätstheorie dargelegt hat.
Ein entscheidender Mangel der Identitätstheorie jeglicher Art ist, daß diese Hypothese keine Erklärung dafür zu geben vermag, daß gewisse Vorgänge im Gehirn – z.B. Impulse, synaptische Übertragung, raumzeitliche Erregungsmuster – dieses außerordentliche geistige Gegenstück haben. Außerdem gibt es auch keine Erklärung dafür, wie die ungeheuere Vielgestaltigkeit neuronaler Vorgänge vom einen Augenblick zum nächsten zu einer Einheit bewußter Erfahrung zusammengefügt wird. Die angebliche Identität wird lediglich als Behauptung vorgetragen, und zwar mit dem Vorbehalt, daß Beweise schließlich durch die derzeitigen Programme der Hirnforschung erbracht würden. Es wird jedoch keinerlei Versuch unternommen, Forschungsprogramme zu spezifizieren, von denen man annehmen könnte, sie seien geeignet, solche empirische Daten zu liefern. In einem späteren Abschnitt wird die experimentelle Überprüfung der Theorien über Gehirn und Geist noch ausführlicher besprochen werden.

Zusammenfassende Erörterung

Die vorangehenden vier allgemeinen Arten von Theorien über Gehirn und Geist haben alle ein gemeinsames Grundpostulat, nämlich, daß geistige Vorgänge *per se* keine Wirkung auf das Gehirn und somit auf das Verhalten haben. Dies wird besonders eindringlich vom radikalen Materialismus und Behaviorismus hervorgehoben, von denen ja die Existenz geistiger Vorgänge (Welt 2) überhaupt geleugnet wird. Jedoch auch die Theorien des Panpsychismus und Epiphänomenalismus ebenso wie die psychoneurale Identitätstheorie lehnen genauso kategorisch die Wirksamkeit der Welt 2 ab. Sie alle sind Varianten des psychophysiologischen Parallelismus, der die Auffassung vertritt, das Verhalten beruhe gänzlich auf Gehirnvorgängen und die geistigen Begleiterscheinungen dieser Gehirnvorgänge seien völlig von diesen abzuleiten. Der Epiphänomenalismus ist noch radikaler in seiner Behauptung, die geistige Begleiterscheinung sei ebenso überflüssig wie der Pfiff einer Dampflokomotive für das Arbeiten dieser Maschine. In den anderen beiden Theorien wird das Geistige nur deshalb als wirksam angesehen, weil es mit den Vorgängen im Gehirn identisch sei. Es habe aber keine unabhängige Wirksamkeit. Die Existenz von Welt 2 wird nicht in Abrede gestellt, doch im Gegensatz zu der Darstellung in Abbildung 19 und 20 gebe es keinerlei Einfluß von Welt 2 auf Welt 1, weil Welt 2 mit Welt 1 als identisch angesehen wird, d.h. Welt 2 wird zu einer Eigenschaft von Welt 1 degradiert. Somit gibt es auch nicht das Problem der Wechselwirkung zwischen Geist und Gehirn, und in Abbildung 19 müßte Welt 2 in Welt 1 eingegliedert werden. Es gibt also nur einen einzigen Sektor, weil Welt 3 einfach auf die in den vereinigten Welten 1 und 2 abgelaufenen Prozesse und die momentan stattfindenden Leistungen reduziert wird. Wir werden sehen, daß für die scheinbare Einfachheit ein hoher Preis zu zahlen ist.

Die wesentliche Komponente aller dieser materialistischen Theorien ist die Behauptung, geistige Vorgänge hätten keinen Einfluß auf Gehirnvorgänge. Es ist natürlich verlokkend, die verwirrenden Schwierigkeiten mit dem ersten Hauptsatz der Thermodynamik zu vermeiden, die sich ergeben, wenn »geistige Einflüsse« Veränderungen in der Welt der Materie und der Energie (Welt 1) zustande bringen sollen. Diese Einflüsse würden von außen her (d.h. von der in Abb. 19 und 20 dargestellten Welt 2) auf Welt 1 einwirken, wenn auch in sehr eng begrenzten Regionen, nämlich in den Liaisonarealen des Gehirns. Dies ist das unterscheidende Merkmal der dualistischen Interaktionstheorien, die wir zu entwickeln suchen.

STRUKTUR UND FUNKTION DER HIRNRINDE

Heute vorliegende Befunde der modernen Hirnforschung machen verständlich, wie bestimmte Areale der Hirnrinde Eigenschaften aufweisen, die es ermöglichen, die zwischen

Gehirn und Geist vermittelnde Rolle des postulierten Liaisonhirns zu übernehmen. Die folgende Erörterung bildet die Ausgangsbasis, um die von mir vertretene, konsequent dualistische Interaktionstheorie über das Gehirn und den sich seiner selbst bewußten Geist entwickeln sowie die meine Hypothese stützenden experimentellen Beweise darlegen zu können. Da der Gegenstand jedoch außerordentlich kompliziert ist, beschränkt sich die Darstellung auf jene strukturellen und funktionellen Eigenschaften der Hirnrinde, die für das Verständnis meiner Theorie besonders wichtig sind.

Mikrostruktur der Hirnrinde. Der Modulbegriff

Von Vernon Mountcastle (1957) angestellte physiologische Untersuchungen über das für die Körpersensibilität zuständige Rindenfeld (somästhetischer Kortex) sowie die Forschungen von David Hubel und Torsten Wiesel (1962) über die Sehrinde (visueller Kortex) geben Aufschluß darüber, daß die in kleinen, genau abgegrenzten Gebieten gelegenen Pyramidenzellen auf spezifische afferente Reize eine annähernd gleichartige Reaktion zeigen. Diese Zellen befinden sich in kortikalen Zonen, die senkrecht zur Kortexoberfläche stehende Säulen bilden. Genaugenommen sind die primären sensorischen Rindenfelder aus einem Mosaik solcher Säulen zusammengesetzt, die unregelmäßig dick sind und im Durchschnitt eine Querschnittsfläche von etwa 0,2 mm^2 aufweisen. János Szentágothai hat nachgewiesen, daß eine einzelne solche Säule eine komplexe Organisationseinheit darstellt und aus mehreren spezifischen Zelltypen besteht. Er hat dabei eine Theorie entwickelt, nach der diese Säulen oder Module sowohl strukturell als auch funktionell die Grundeinheiten der Hirnrinde darstellen. Er geht dabei so weit zu behaupten, man könne die Module mit den integrierten Mikro-Schaltkreisen der Elektronik vergleichen. Die Module repräsentieren also nach seiner Auffassung einen grundlegenden Neuronen-Schaltkreis, der in seiner elementaren Form aus Input-Kanälen (afferenten Nervenfasern), komplexen neuronalen Querverbindungen innerhalb des Moduls sowie aus *Output*-Kanälen, die im wesentlichen die Axone der Pyramidenzellen sind, zusammengesetzt ist. Trotz der Verschiedenartigkeit der in den einzelnen Regionen des Neokortex vorhandenen Strukturen, stellt Szentágothai (1972) fünf grundlegende Gemeinsamkeiten fest.

Einige Muster der im Innern und in der Umgebung des Moduls ablaufenden Vorgänge sind in den Abbildungen 21 und 22 schematisch und in sehr vereinfachter Form dargestellt.

Nach Szentágothai bestehen zwischen den neuronalen Verknüpfungen innerhalb der Schichten III, IV und V einerseits und denen der Schichten I und II andererseits wesentliche funktionelle Unterschiede.

Abbildung 21 zeigt in den Schichten III, IV und V die Endigungen der spezifischen und unspezifischen afferenten Bahnen an den basalen Dendriten der Pyramidenzellen sowie an den Dendriten einiger Arten von exzitatorischen und inhibitorischen Interneuronen (S_3). Auch die Assoziations- und Kommissurenfasern schicken auf dem Weg zu ihrem Hauptendigungsgebiet in Schicht I und II Verästelungen zu den Nervenzellen der tieferen Schichten. Einige der exzitatorischen Neuronen (S_1) von Schicht IV wirken kräftig stimulierend auf die apikalen Dendriten der Pyramidenzellen, und zwar über die sogenannten Patronengurttyp-Synapsen (cartridge type), wobei das Axon dieser exzitatorischen Nervenzellen vom Typ Golgi II entlang den Dendriten der Pyramidenzellen verläuft und dabei in einer Weise, die man mit den Synapsen der Kletterfasern an den Purkinjezellen des Kleinhirns vergleichen kann, Hunderte von Synapsen bildet. Im Gegensatz dazu ist bei anderen Arten von Zellen des Typs Golgi II für eine wirksame Stimulierung die konvergente Aktion vieler Zellen erforderlich.

Das Endergebnis solcher Abfolgen von synaptischer Reizung durch alle diese exzitatorischen Zellen ist eine mächtige Erregung der Pyramidenzellen im Innern der in Abbildung 22 dargestellten Säule. Es kommt dabei nämlich zu einer Verstärkung der Erregung. Andererseits werden die

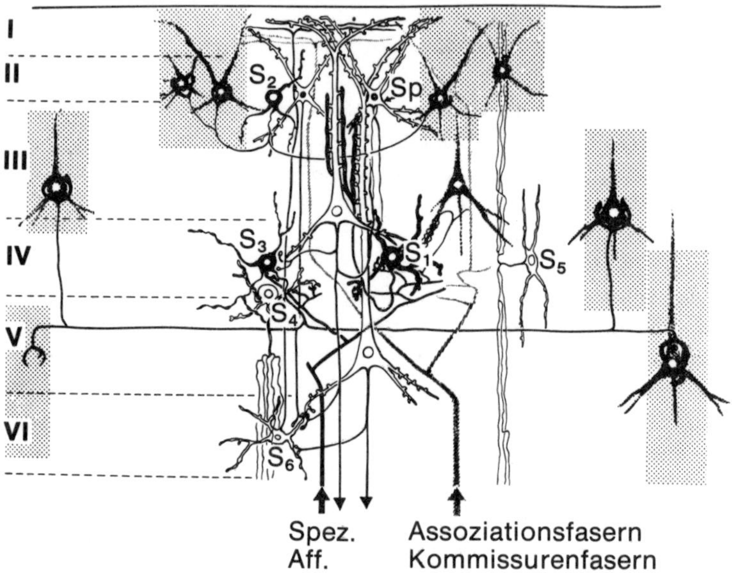

Abb. 21: Vereinfachte Skizze einiger Zelltypen aus der Hirnrinde mit den im Text besprochenen gegenseitigen Verbindungen. Zwei Pyramidenzellen sind in der Mitte der Abbildung in den Schichten III und V zu sehen (weiß), desgleichen das Interneuron S_1 (quer schraffiert), dessen Axon Synapsen vom Patronengurttyp an den apikalen Dendriten bildet. Die spezifische afferente Faser (Spez. Aff.) erregt auch ein Sternzellen-Interneuron (S_3) vom Korbtypus, das hemmend auf Pyramidenzellen der angrenzenden Säulen einwirkt, die durch Schraffierung angedeutet werden. Ein weiteres Interneuron (S_6) mit aufsteigendem Axon ist in Schicht VI dargestellt; S_5 ist ein Interneuron, das wahrscheinlich für die vertikale Ausbreitung von Erregungsimpulsen durch die ganze Tiefe des Kortex sorgt. Die Abkürzung Sp kennzeichnet Sternpyramidenzellen, und durch S_2 werden die mit kurzen Axonen ausgestatteten inhibitorischen Zellen in Schicht II gekennzeichnet. Die Afferenzen, die durch Assoziationsfasern und Fasern aus dem *Corpus callosum* (Kommissurenfasern) gebildet werden, sind so dargestellt, daß ihr Aufsteigen bis in die Schicht I und ihre dortige Verästelung zu sehen sind. Weitere Angaben finden sich im Text (nach Szentágothai, 1969).

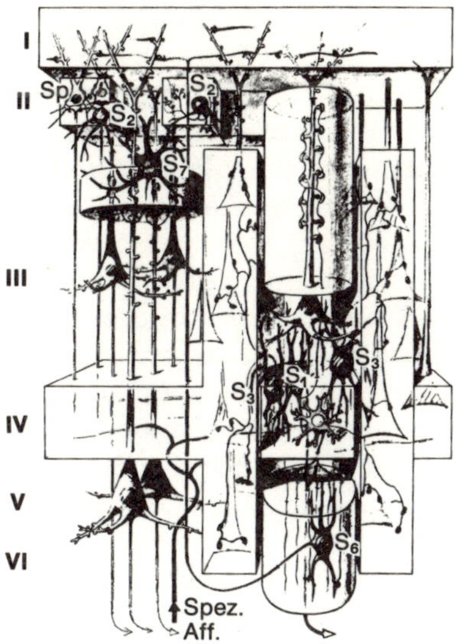

Abb. 22: Dreidimensionale Skizze, die kortikale Neuronen verschiedenen Typs mit den gleichen Identifikationssymbolen wie in Abb. 21 zeigt. Rechts ist eine Säule (Modul) mit einer Pyramidenzelle sowie mit verschiedenen Varianten von Sternzellen dargestellt. Es wird gezeigt, wie die inhibitorischen Zellen S_3 auf die Pyramidenzellen projizieren, die in schattenhafter Gestalt in den benachbarten Säulen zu sehen sind. Auf der linken Seite der Abbildung ist die Anordnung von Neuronen und Synapsen in den Schichten I und II schematisch eingezeichnet. Weitere Angaben finden sich im Text (nach Szentágothai, 1972).

inhibitorischen Neuronen (S_1 in den Abb. 21 und 22) der Schichten III und IV des Moduls von Afferenzen entweder direkt oder indirekt durch Vermittlung der exzitatorischen Interneuronen angeregt und üben dann ihren hemmenden Einfluß auf Pyramidenzellen in jenen vertikalen Blöcken aus, die – wie in Abbildung 22 gezeigt ist – unmittelbar an das säulenförmige Modul angrenzen, d.h. also auf das Soma von Pyramidenzellen in den Schichten III, IV und V der jeweils benachbarten Module (vgl. Abb. 21 und 22). Da auf jede einzelne Pyramidenzelle jeweils mehrere dieser Korbzellenneuronen konvergieren, hat jeder Pyramidenzellkörper Kontakt mit fünfzig bis hundert inhibitorischen Synapsen.

Im Gegensatz zu der kräftigen, örtlich begrenzten Aktion von spezifischen afferenten Fasern in den Schichten III, IV und V, gibt es in Schicht I und II eine weniger konzentrierte Aktion der wichtigsten anderen afferenten Bahnen zum Modul, nämlich die der Assoziationsfasern aus anderen Kortexregionen sowie der Kommissurenfasern des *Corpus callosum* (vgl. Abb. 21 und 22). Diese Fasern ebenso wie die aufsteigenden Axone der Nervenzellen vom sogenannten Martinotti-Typ (S_6) in den Schichten V und VI (vgl. Abb. 21 und 22) verästeln sich und bilden in Schicht I und II tangential verlaufende Axone, deren Länge bei den Martinotti-Zellen etwa 5 mm beträgt. Diese Axone überqueren in einem Winkel von etwa 45° Dendriten von aus tieferen Schichten aufsteigenden Pyramidenzellen sowie auch von sternförmigen Pyramidenzellen (Sp) der Schicht II und bilden dabei Synapsen (vgl. Abb. 21 und 22). Es ist anzunehmen, daß jede dieser afferenten Fasern nur eine begrenzte synaptische Erregung über diese quer verlaufenden Synapsen ausübt, so daß für eine wirksame Aktion die Summation sehr vieler Impulse von Kommissuren- oder Assoziationsfasern erforderlich ist.

Schicht I und II bilden somit Zonen diffuser, schwacher Erregungs-Aktion, die auf die Pyramidenzellen wirken. Außerdem gibt es in Schicht II Varianten des Korbzellentypus (S_2), die eine viel begrenztere Ausbreitung auf die Sternpyramidenzellen (Sp) aufweisen (vgl. Abb. 21 und 22), als es für die Korbzellen der tieferen Schichten der Fall ist. Dieses feinere Muster inhibitorischer Aktion wie auch die mehr diffuse und schwächere Exzitation in den Schichten I und II lassen die Folgerung zu, daß in den beiden obersten Schichten eine sanfte und feinkörnige Modulation der Pyramidenzellen erfolgt.

Diese Darlegungen lassen erkennen, daß die funktionelle Selbständigkeit eines Moduls in erster Linie bedingt wird durch die beschränkte Reichweite (in den Schichten III, IV und V nicht mehr als 500 μm) der von den spezifischen und anderen afferenten Fasern ausgehenden exzitativen Einflüsse sowie durch die kräftige und vertikal gerichtete Erregung der Interneuronen (S_1, S_5), mit ihren Synapsen vom Patronengurttyp. Ein weiterer bestimmender Faktor für das Modul ist seine inhibitorische Umgebung, die durch die Korbzellen der Schicht IV aufgebaut wird. Hier sei beiläufig vermerkt, daß Szentágothai, indem er von den spezifischen sensorischen Arealen ausgeht, Verallgemeinerungen für den gesamten Neokortex anstellt. So nimmt er an, daß zum

Beispiel die unspezifischen, vom Thalamus kommenden Afferenzen etwa das gleiche Verteilungsmuster aufweisen wie die in Abbildung 21 dargestellten spezifischen Afferenzen. Die Module des Neokortex sind gleichsam eingebettet in die weitaus diffusere und schwächere inhibitorische und exzitatorische Aktivität der Schichten I und II, die – wie wir vermuten dürfen – eine größere Anzahl von Modulen sozusagen mit einem allgemeinmodulierenden Einfluß umspannen, während für die Feineinstellung wohl die sehr scharf lokalisierte Wirkung der Korbzellen auf die Sternpyramidenzellen der Schicht II verantwortlich sein dürfte.
Der in einem Modul aufgebaute Erregungszustand wird nach Szentágothai in jedem Augenblick durch Impulsentladung entlang den Assoziationsfasern, die von den Axonen der Pyramidenzellen sowie bestimmter großer Sternzellen gebildet werden, weitergeleitet. Auf diese Weise breitet sich eine ausreichend starke Erregung eines Moduls weiträumig und wirkungsvoll auch auf andere Module aus, und zwar in erster Linie natürlich auf die Schichten I und II dieser Module. Weniger stark in Erregung versetzte Module bewirken eine entsprechend geringere Reizübertragung auf andere Module. Eine Übertragung bleibt dann völlig aus, wenn ein Modul durch die Aktivität der Korbzellen wirksam gehemmt wird.
Über die Funktionsweise der Module gibt es noch keine quantitativen Daten. Die Zahl der Neuronen in einem Modul ist jedoch überraschend groß und beträgt bis zu zehntausend. Unter ihnen befinden sich einige Hundert Pyramidenzellen und viele Hunderte von jeder der anderen Arten von Neuronen. Andere funktionelle Eigenschaften, die noch nicht erwähnt wurden und die wir auch vorerst kaum verstehen, sind die von den Axonen der Pyramidenzellen abzweigenden Seitenäste (Kollateralen), die als positive Rückkopplungskreise dienen könnten. Tatsächlich kann man sich die Funktionsweise eines Moduls als einen Komplex von parallelen Schaltkreisen vorstellen, mit Summationseffekten infolge der Konvergenz von Hunderten auf die einzelnen Neuronen hin zusammenlaufenden Leitungsfasern sowie außerdem mit einem engmaschigen Netz von

exzitatorischen und inhibitorischen Verbindungen, über die ein Hin und Her von Impulsen läuft. Dieser Komplex von Schaltkreisen geht dabei weit über das in den Abbildungen 21 und 22 dargestellte einfache neuronale Schaltkreismodell hinaus. Wir müssen somit für die Funktionsweise eines Moduls ein Komplexitätsniveau voraussetzen, das bei weitem alles übertrifft, was man sich bisher vorgestellt hat. Die Funktionsweise ist dabei sicher von völlig anderer Art als die integrierten Mikroschaltkreise der Elektronik, die oben noch als analoge Systeme erwähnt wurden, zudem weist der *Output* eines Moduls einen gewaltigen Spielraum auf. Er reicht von Hochfrequenzentladungen in den Hunderten von Pyramidenzellen, die es enthält, bis zu unregelmäßigen Entladungen niederer Frequenz, wie sie für die sich im Ruhezustand befindliche Hirnrinde charakteristisch sind. Auch ist der Einflußbereich der von den Pyramidenzellen ausgehenden Projektion ungeheuer variabel: Einige dieser Projektionen gehen nur bis zu benachbarten Modulen, andere sind weitreichende Assoziationsfasern, wieder andere sind Kommissurenfasern, die das *Corpus callosum* durchqueren und in Kortexarealen der gegenüberliegenden Hirnhälfte enden, die das spiegelbildliche Gegenstück ihrer Ausgangsareale sind.

Aktionsmuster im Zusammenspiel der Module

Das in Abbildung 23 gezeigte Schema veranschaulicht den Verlauf der während der begrenzten Zeitspanne eines Sekundenbruchteils stattfindenden Impulsübertragung von Modul zu Modul. In diesem Schema wird versucht, die Art und Weise zu zeigen, wie die von den Pyramidenzellen eines Moduls ausgehenden, parallelgeschalteten Assoziationsfasern andere Module aktivieren können. Die dadurch angeregten Module wirken ihrerseits dann auf noch entferntere Module ein. In dem hier angenommenen Ausschnitt aus einem kleinen Bereich des Neokortex sind die Pyramidenzellen der Module als kleine Kreise dargestellt, die entweder ausgefüllt oder leer gezeichnet sind, je nachdem sie an einer ersten oder zweiten Modalität von Erregungsprozessen teilhaben, d.h. an dem Typus des sensorischen Inputs für A oder an dem Typus des Inputs für B. Die Hauptkommunikationslinien zwischen aufeinanderfolgenden Modulen sind durch Pfeile angedeutet, wobei auch ein Beispiel für einen in sich geschlossenen Funktionskreis eingezeichnet ist, eine Schleife für Dauerwirkung, in der Art der geschlossenen, sich selbst erregenden Ablaufketten nach Lorento de Nó. Die Konvergenz der Module für die A- und B-Modalitäten bewirkt überdies die Aktivierung von weiteren Modulen durch *Inputs* vom Typ A wie auch vom Typ B, wofür in Abbildung 23 kleine Kreise mit einem punktförmigen Kern als

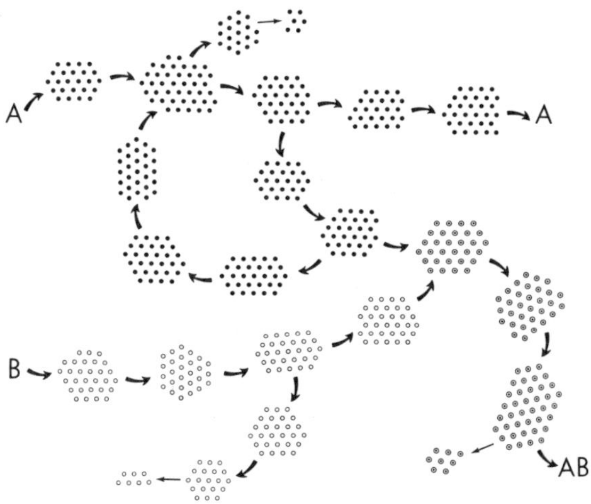

Abb. 23: In diesem Schema, das eine Aufsicht auf einen winzigen Teil der Hirnrinde zeigt, sind die großen Pyramidenzellen als kleine Kreise dargestellt, die entweder ausgefüllt oder leer und in Modulen gruppiert sind, wie sie – von der Seite gesehen – die Abbildung 22 veranschaulicht, jedoch mit dem Unterschied, daß dort nur zwei Pyramidenzellen gezeigt werden anstelle von Hunderten. Die kräftigen Pfeile symbolisieren Impulsentladungen, die bei der Reizübertragung von Modul zu Modul an Hunderten von parallelgerichteten Fasern entlang verlaufen. Gezeigt werden zwei Inputs, A und B, sowie zwei Outputs, A und AB. Diese sollen die zahlreichen *Input*- und *Output*-Verbindungen eines Moduls andeuten. Weitere Erklärungen finden sich im Text.

entsprechende Symbole verwendet werden. Auch dieses Schema ist stark vereinfacht, weil in ihm ein Modul auf höchstens zwei weitere Module einwirkt, während in Wirklichkeit mindestens zehn bis zu mehreren Hunderten von Reizprojektionen anzunehmen wären. Es sind schließlich drei Fälle dargestellt, in denen die Erregung eines Moduls allein zur Impulsweiterleitung nicht ausreicht. Deshalb ergeben in dem Schema die zwei *Inputs,* A und B, nur zwei *Outputs,* A und AB. Die Abbildung 23 stellt die in der Hirnrinde stattfindende neuronale Aktivierung so dar, wie es Charles SHERRINGTON sich vorstellte. Er verglich es mit »einem verzauberten Webstuhl, in dem Millionen hin- und herschießender Schiffchen ein sich immer wieder auflösendes Muster weben, ein Muster, das stets von tiefer Bedeutung, aber nie von langer Dauer ist, sondern eine ständig wechselnde Harmonie von Nebenmustern bildet« (1940, 225).

Das Schema in Abbildung 23 bleibt auch insofern hinter der Realität zurück, als es die unregelmäßigen, ›spontan‹ stattfindenden Entladungen der kortikalen Neuronen jeglichen Typs unberücksichtigt läßt. Man muß sich vorstellen, daß die Aktivierung und Reizübertragung der Module dieses ununterbrochene Hintergrundrauschen überlagern. Wirksame neuronale Aktivität wird nur dann möglich, wenn innerhalb der Module eine parallelgerichtete Aktivierung einer Vielzahl von Neuronen mit annähernd gleicher Verbindungsstruktur stattfindet. Erst dann können sich Signale vom allgemeinen Hintergrundrauschen abheben. Anstelle der in den Abbildungen 21, 22 und 23 angedeuteten scheinbaren Einfachheit haben wir es demzufolge mit einer unregelmäßig brodelnden Aktivität der gesamten Neuronenpopulation zu tun, wobei auf diesem Hintergrund Signale durch Phasen synchroner Aktivität von parallelgeschalteten Neuronen überlagert werden, entweder innerhalb einzelner Module oder zwischen mehreren Modulen.

Die Struktur eines solchen kortikalen Moduls mit all ihren detaillierten Verknüpfungen entsteht durch den genetischen Code und durch sekundäre Strukturinformationen, wie spezifische chemische Indikatoren, an einigen bestimmten Stellen im Zentralnervensystem in einer Weise, die man bisher nur in verschwommenen Umrissen begriffen hat. Die noch umfassenderen Verbindungen zwischen den einzelnen Modulen (vgl. Abb. 23) bilden sich wohl aufgrund ähnlicher Mechanismen. Alles, was sich bei Lernvorgängen im Gehirn abspielt, beruht vermutlich auf Veränderungen der Mikrostruktur im Bereich der Synapsen, und zwar besonders an den Synapsen auf den Dendritendornen, wo sowohl bei den Pyramidenzellen als auch bei den Sternzellen die exzitatorischen Synapsen in erster Linie zu finden sind (vgl. Abb. 21 und 22).

DIE DUALISTISCHEN INTERAKTIONSTHEORIEN

Der fundamentale Ansatz der hier vorgeschlagenen Theorie besteht darin, daß Geist und Gehirn voneinander unabhängige Einheiten sind, wobei das Gehirn zur Welt 1 und der Geist zur Welt 2 gehört (vgl. Abb. 19), und daß sie irgendwie aufeinander einwirken und sich gegenseitig beeinflussen, was durch die Pfeile in Abbildung 20 angedeutet wird. Über diese Grenze zwischen Welt 1 und Welt 2 oder zwischen Gehirn und Geist hinweg findet eine Wechselwirkung statt, die als ein steter Strom von Information, jedoch nicht von Energie, verstanden werden kann. Daraus ergibt sich die außergewöhnliche Lehre, daß die Welt der Materie und der Energie (Welt 1) nicht völlig verriegelt ist, wie dies ein Grundgesetz der Physik postuliert, sondern daß die sonst völlig geschlossene Welt 1 kleine ›Spalten‹ aufweist. Demgegenüber ist die Geschlossenheit von Welt 1 in allen materialistischen Theorien über das Phänomen Geist mit großer Erfindungsgabe abgesichert worden. Dennoch behaupten wir, daß darin nicht ihre Stärke, sondern ihre verhängnisvolle Schwäche liegt (Popper, Eccles 1977).
Das Postulat einer unabhängigen Existenz geistiger Vorgänge und ihre Wechselwirkung mit dem Gehirn hat natürlich immense Probleme zur Folge. Die Behandlung dieser Probleme wird einen großen Teil dieses Beitrags in An-

spruch nehmen. Historisch gesehen, war Descartes der erste, der klar eine dualistische Theorie aufstellte. Aber – wie bereits in der historischen Einführung vermerkt – litt seine Theorie an den primitiven und irrtümlichen Vorstellungen über die Nerventätigkeit, die zur damaligen Zeit herrschten. Sherrington (1940) entwickelte eine bedeutend subtilere dualistische Interaktionstheorie, und neuerdings ist Penfield (1975), der sich als Neurologe und Neurochirurg sein ganzes Leben hindurch dem Studium der menschlichen Person und des menschlichen Gehirns – besonders des erkrankten – gewidmet hat, voll und ganz für den Dualismus eingetreten.

Bis vor zwei Jahren entsprach meine philosophische Einstellung dem neokartesischen Dualismus. Ich glaubte, daß der sich seiner selbst bewußte Geist in seiner Existenz als Welt 2 (vgl. Abb. 20) eine immaterielle, vom Gehirn verschiedene Einheit wäre. Ich gelangte jedoch zur Erkenntnis, daß, falls der sich seiner selbst bewußte Geist bloß aus der dem Raum-Zeit-Muster unterworfenen Gehirntätigkeit ablesen würde, schließlich eine Reduktion sogar der erlesensten Gedanken und der subtilsten Entscheidungen auf die Vorgänge im Gehirn stattfinden müßte, von denen sie herrühren. Der psychophysiologische Parallelismus würde sich durchsetzen. Denn die Gehirnvorgänge befinden sich ganz innerhalb der physikalischen Welt (Welt 1 in Abb. 19) und, wie wir gesehen haben, liefern die Vorgänge in der neuronalen Gehirnmaschinerie – den Anschauungen des Parallelismus zufolge – eine notwendige und ausreichende Erklärung der Totalität der Leistung wie auch der bewußten Erfahrung eines menschlichen Wesens. Das Individuum ist somit durch die Gehirnvorgänge vollständig determiniert. Aber Popper schreibt: »Denn nach dem Determinismus glaubt jemand an Theorien – etwa an den Determinismus – wegen einer bestimmten physikalischen Struktur etwa seines Gehirns. Wir täuschen uns also (und sind dazu physikalisch vorherbestimmt), wenn wir glauben, es gäbe so etwas wie Argumente oder Gründe, die uns an den Determinismus glauben machen. Oder mit anderen Worten, der physikalische Determinismus ist eine Theorie, über die man, wenn sie wahr ist, nicht argumentieren kann, denn sie führt alle unsere Reaktionen, auch das, was uns als auf Argumente gegründete Überzeugung erscheint, auf rein physikalische Bedingungen zurück. Rein physikalische Bedingungen, zu denen unsere physikalische Umgebung gehört, veranlassen uns, zu sagen oder zu akzeptieren, was wir sagen oder akzeptieren« (1972, dt. Ausg., 249).

Dies ist eine ›effektive‹ *reductio ad absurdum,* ein eindrucksvoller Beweis für den Widersinn des Determinismus. Die Kritik betrifft alle vorangehend dargestellten parallelistischen Theorien, wobei ich sogar meine früheren Äußerungen über den dualistischen Interaktionismus (Eccles 1970) mit einbeziehe. Das ist der oben erwähnte hohe Preis. Durch diese Erwägungen zur Klarheit gelangt, sah ich mich veranlaßt, meine dualistisch-interaktionistische Hypothese zu revidieren, die dabei eine viel radikalere Form erhielt und nun in extenso entwickelt werden soll, besonders was das Liaisonhirn und seine Funktionsweise betrifft.

Konsequent dualistische Interaktionstheorie über das Gehirn und den sich seiner selbst bewußten Geist

Gleich am Anfang sei kurz festgestellt, daß der sich seiner selbst bewußte Geist eine selbständig bestehende Einheit darstellt und aktiv damit beschäftigt ist, aus den vielfältigen Aktivitäten des Neuronenapparats der Hirnrinde, entsprechend seiner Aufmerksamkeit und seinem Interesse, abzulesen, wobei er diese Auslese integriert, um von Augenblick zu Augenblick die Einheit des bewußten Erlebens zu bieten. Dabei wird angenommen, das Bewußtsein arbeite wie eine Filmkamera, wobei die von Augenblick zu Augenblick getätigten Momentaufnahmen derart aufeinanderfolgen, daß – wie im Film – ein kontinuierlicher Eindruck entsteht. Der sich seiner selbst bewußte Geist wirkt aber auch in selektiver Weise zurück auf den neuronalen Apparat. Infolgedessen wird behauptet, daß der sich seiner selbst bewußte Geist bei den neuronalen Vorgängen eine übergeordnete interpretierende und kontrollierende Funktion ausübt, und zwar

aufgrund einer Wechselwirkung zwischen Welt 1 und Welt 2, wie sie die von und zu dem Liaisonhirn weisenden Pfeile in Abbildung 20 anzeigen.
Bei der Formulierung einer konsequent dualistischen Hypothese stützen wir uns auf die folgenden sechs Grundsätze:

1. Wir nehmen an, die Erfahrungen des sich seiner selbst bewußten Geistes hätten eine enge Beziehung zu neuronalen Vorgängen in besonderen Arealen des Neokortex, die zusammen das Liaisonhirn bilden, wobei eine Wechselwirkungsbeziehung eintritt, die einen gewissen Grad von Übereinstimmung, aber nicht von Identität ergibt. Die erforderlichen Liaisonareale sind sicher sehr ausgedehnt und umfassen, entsprechend ihrer Tätigkeit, die Sprachzentren und einen großen Teil des Frontallappens (vgl. Abb. 1).

2. Die Erfahrung des sich seiner selbst bewußten Geistes hat ganzheitlichen Charakter. Wir sind allerdings in der Lage, uns bald auf diesen, bald auf jenen Ausschnitt der in einem beliebigen Augenblick stattfindenden Gehirntätigkeit zu konzentrieren. Dieses fokussierende Sich-Konzentrieren ist ein Phänomen, das als Aufmerksamkeit bekannt ist.

3. Die von den Sinnesorganen kommenden Informationen werden dem Gehirn und dessen neuronalen Strukturen als komplexe raumzeitliche Impulsmuster (vgl. Abb. 23) übermittelt, aber beim Überqueren der Grenze (nach oben gerichtete Pfeile in Abb. 20) verwandeln sie sich auf wunderbare Weise in die vielfältigen Erfahrungen, die für unsere Wahrnehmungswelt charakteristisch sind und die einer von den Vorgängen in der Neuronenmaschinerie völlig verschiedenen Seinsweise zugehören.

4. Wir machen fortwährend die Erfahrung, daß der sich seiner selbst bewußte Geist tatsächlich auf Gehirnvorgänge einwirken kann (abwärts über die Grenzlinie gerichtete Pfeile in Abb. 20). Dies sieht man ganz deutlich bei den Willkürbewegungen, wie weiter unten beschrieben wird. Während unseres Lebens können wir jederzeit Vorgänge im Neuronenmechanismus hervorrufen, die im EEG sichtbar werden, wenn wir z. B. versuchen, uns an etwas zu erinnern

oder im Geist eine Rechenaufgabe zu lösen, oder nach einem passenden Wort suchen, um einen bestimmten Gedanken auszudrücken.

5. Eine Wechselwirkung über die in Abbildung 20 aufgezeichnete Grenze erfolgt nur dann, wenn im Neuronenmechanismus des Liaisonhirns ein hohes Ausmaß an verschiedenartiger Aktivität besteht. Bei einem zu geringen Aktivitätsniveau herrscht Bewußtlosigkeit wie etwa in der Narkose oder im Koma. Bei ganz heftigen Anfällen (z.B. Epilepsie) herrscht ebenfalls Bewußtlosigkeit.

6. Wir müssen eine Hypothese aufstellen, die berücksichtigt, daß Welt 1 für Einflüsse aus Welt 2, d.h. aus der Welt der bewußten Erfahrung, geöffnet ist. Popper bringt die Notwendigkeit irgendeines Schlupflochs in der scheinbaren Geschlossenheit von Welt 1, d.h. der Welt der Materie und der Energie (vgl. Abb. 19), sehr gut zum Ausdruck. Es reicht seiner Meinung nach nicht aus, sich hier nur auf die statistische Unbestimmtheit auf der Ebene der Quantenmechanik zu berufen. Popper stellt fest, daß eine zwar indeterministische, jedoch in sich geschlossene Welt 1 »eine vom bloßen Zufall regierte Welt wäre. Dieser Indeterminismus ist notwendig, aber gleichwohl nicht ausreichend, um menschliche Freiheit und insbesondere menschliche Kreativität zuzulassen. Was wir wirklich brauchen, ist die Einsicht, daß Welt 1 unvollständig ist, daß sie durch Welt 2 beeinflußt und mit ihr in Wechselwirkung treten kann, oder daß sie gegenüber Welt 2 kausal offen ist und somit auch gegenüber Welt 3. Damit kommen wir zu unserem zentralen Punkt zurück: Wir haben davon auszugehen, daß Welt 1 nicht unabhängig oder in sich ›geschlossen‹, sondern offen gegenüber Welt 2 ist« (1973, 23).

Auf dieser Grundlage können wir jetzt eine vollständige Darstellung unserer konsequent-dualistischen Hypothese geben. Der sich seiner selbst bewußte Geist ist aktiv damit beschäftigt, aus der großen Zahl aktiver Zentren im höchsten Niveau der Gehirntätigkeit, nämlich in den Liaisonarealen der dominanten Hirnhemisphäre (vgl. die Abb. 20, 26, 29) abzulesen. Aus diesen Zentren trifft der sich seiner selbst bewußte Geist je nach Ausrichtung seiner Aufmerksamkeit eine Wahl. Von Augenblick zu Augenblick faßt er seine Auswahl zusammen, um sogar noch die flüchtigste Erfahrung in ein Erfahrungsganzes zu integrieren. Außerdem wirkt der sich seiner selbst bewußte Geist auch seinerseits auf diese neuronalen Zentren ein, indem er die dynamischen Raum-Zeit-Muster der neuronalen Vorgänge modifiziert. Auf diese Weise übt der sich seiner selbst bewußte Geist eine übergeordnete interpretierende und kontrollierende Funktion auf die neuronalen Vorgänge aus.

Eine Schlüsselkomponente dieser Hypothese ist, daß die Einheit der bewußten Erfahrung von dem sich seiner selbst bewußten Geist bewirkt wird und nicht von der Neuronenmaschinerie der Liaisonareale in der dominanten Hirnhemisphäre. Bislang ist es nicht möglich gewesen, irgendeine neurophysiologische Theorie zu entwickeln, die hätte erklären können, wie eine Vielfalt von Gehirnvorgängen sich durch Synthese so zusammenfügen kann, daß eine durchgängige Bewußtseinserfahrung von ganzheitlichem Charakter entsteht. Die verschiedenen Gehirnprozesse bleiben unverbunden, da sie letztlich nur die Einzelaktionen zahlloser Neuronen darstellen, die zu komplexen Schaltkreisen angeordnet sind (vgl. Abb. 23), und damit an den raumzeitlichen Aktivitätsmustern teilhaben. Unsere jetzige Hypothese betrachtet die neuronale Maschinerie als eine vielfältige Verflechtung von Impulse ausstrahlenden und empfangenden Strukturen (Modulen). Die Erfahrungseinheit stammt nicht von einer neurophysiologischen Synthese, sondern von der postulierten integrierenden Eigenschaft des sich seiner selbst bewußten Geistes. Wir vermuten, daß die Aufgabe des sich seiner selbst bewußten Geistes in erster Linie darin besteht, alle bewußten Erfahrungen und Handlungen des Individuums zu einer Einheit zu integrieren.

Um den der Hypothese zugrunde liegenden Sachverhalt verständlich zu machen, sei hier die Ansicht geäußert, daß in den Liaisonarealen der dominanten Hirnhemisphäre ein sensorischer Input an dieser oder jener Stelle ein gewaltiges, sich entwickelndes dynamisches Muster von neuronaler

Aktivität verursacht. Die verschiedenen sensorischen Modalitäten projizieren von den in Abbildung 1 angegebenen primären sensorischen Arealen aus in die unspezifischen, die polymodalen Areale. Innerhalb dieser Areale werden in den elementaren Komponenten, den Modulen der Hirnrinde (vgl. Abb. 21 und 22), ganz unterschiedliche und vielfältige Informationen verarbeitet. Wir können nun fragen, wie und woraus diese Informationen ausgewählt und zusammengefaßt werden, um von Augenblick zu Augenblick die Einheit und relative Einfachheit unserer bewußten Erfahrung zu ergeben. Als Antwort auf diese Frage möchten wir die Meinung vertreten, daß der sich seiner selbst bewußte Geist durch das gesamte Liaisonhirn in auswählender und vereinheitlichender Weise gleichsam spielerisch umhersucht. Eine Analogie zu diesem Vorgang bietet zum Beispiel ein Suchscheinwerfer. Ein vielleicht noch besseres Vergleichsbeispiel würde irgendeine vielseitige Abtast- und Sondierungsvorrichtung abgeben, die die ungeheuer zahlreichen und vielgestaltigen Aktivitätsmuster in der Hirnrinde abliest, eine Auswahl trifft und diese ausgewählten Komponenten interpretiert, wobei sie zu Einheiten bewußter Erfahrung zusammengefaßt werden. In Abbildung 20 findet sich die Darstellung eines Fragments einer derartigen ›Momentaufnahme‹ durch den sich seiner selbst bewußten Geist. Wir vermuten, daß der sich seiner selbst bewußte Geist auf diese Weise die Aktivität der Module in den Liaisonarealen der Hirnrinde abtastet, was aus dem sehr unzulänglichen Schema in Abbildung 20 in etwa ersichtlich wird. Von einem Augenblick zum andern wählt der sich seiner selbst bewußte Geist, je nach Interesse und Aufmerksamkeit, Module aus und integriert dabei all diese Vielgestaltigkeit zu einer in sich geschlossenen bewußten Erfahrung.

Man könnte diese Hypothese bloß als eine ausgeklügelte Version des Parallelismus – sozusagen als eine Art selektiven Parallelismus – betrachten. Das wäre jedoch ein Irrtum. Und zwar besteht der Grundunterschied darin, daß die auswählenden und integrierenden Funktionen ausschließlich Eigenschaften des sich seiner selbst bewußten Geistes sind, dem somit eine aktive und beherrschende Rolle zuerkannt wird. Es besteht also ein starker Gegensatz gegenüber der in der Auffassung des Parallelismus postulierten Passivität (vgl. Feigl 1967). Ferner wird in unserer Hypothese die aktive Rolle des sich seiner selbst bewußten Geistes dahingehend erweitert, daß dieser auch Veränderungen in den neuronalen Vorgängen bewirkt.

Der sich seiner selbst bewußte Geist liest somit nicht nur selektiv aus den im Gang befindlichen Aktivitäten der neuronalen Maschinerie ab, sondern er modifiziert auch diese Aktivitäten. Wenn er zum Beispiel einen bestimmten Gedankengang verfolgt oder versucht, eine Erinnerung wieder wachzurufen, so ist anzunehmen, daß der sich seiner selbst bewußte Geist aktiv damit beschäftigt ist, speziell ausgewählte Zonen der neuronalen Maschinerie zu durchforschen, und daß er so in der Lage ist, die dynamischen Aktivitätsmuster entsprechend seinen Wünschen oder Interessen zu steuern und zu modulieren. Ein besonderer Aspekt, den dieses Eingreifen des sich seiner selbst bewußten Geistes in die Tätigkeiten der neuronalen Maschinerie bietet, ist seine Fähigkeit, in Übereinstimmung mit irgendeiner willentlich gewünschten Handlung Bewegungen zustande zu bringen, was wir als eine motorische Befehlsgewalt bezeichnen können. Weiter unten wird noch gezeigt werden, daß das Bereitschaftspotential (vgl. Abb. 24) ein Zeichen dafür ist, daß solche Befehle Veränderungen in der Aktivität der neuronalen Maschinerie bewirken.

Die Hypothese betreffende experimentelle Beweise

Das grundlegende Merkmal der Hypothese ist die aktive Funktion des sich seiner selbst bewußten Geistes bei seinen Beziehungen zum neuronalen Apparat des Liaisonhirns. Neuere experimentelle Untersuchungen bestätigen wesentliche Aspekte einer solchen aktiven Rolle.

Zeitliche Beziehungen zwischen Gehirn und Geist bei der bewußten Wahrnehmung

Von Benjamin LIBET durchgeführte Experimente am menschlichen Gehirn zeigen, daß nach direkter wiederholter Reizung des somästhetischen Kortex bei schwacher Reizdosierung 0,5 Sekunden verstreichen, bis es zur bewußten Wahrnehmung kommt. Eine ähnliche Verzögerung ist auch festzustellen, wenn man die Haut mit einem spitzen Gegenstand schwach reizt (Libet 1973). Trotz dieser Verzögerung der neuronalen Prozesse, die die Wahrnehmung eines schwachen peripheren Reizes auslösen, hat – nach dem Urteil der Versuchsperson – die Erfahrung selbst bereits viel früher stattgefunden, und zwar ungefähr zu der Zeit, als der afferente Input die Hirnrinde erreichte. Diese Vordatierung läßt sich durch keinen neurophysiologischen Prozeß per se erklären. Vermutlich ist es eine Strategie, die der sich seiner selbst bewußte Geist erlernt hat. Hierzu können zwei Bemerkungen gemacht werden. Erstens beruhen diese langen, bis zu 0,5 Sekunden dauernden Erkennungszeiten auf der Notwendigkeit, erst ein enormes und komplexes neuronales Aktivitätsmuster aufbauen zu müssen, bevor dieses von dem prüfend abtastenden sich seiner selbst bewußten Geist »entdeckt« werden kann. Zweitens muß die Vordatierung der sensorischen Erfahrung der Fähigkeit des sich seiner selbst bewußten Geistes zugeschrieben werden, geringfügige zeitliche Korrekturen vorzunehmen, d.h. die Zeitempfindung bis zu einem gewissen Grade zu manipulieren. Das neuronale Aktivitätsmuster kann von dem sich seiner selbst bewußten Geist erst dann durch prüfendes Abtasten entdeckt werden, wenn der erforderliche Aufbau der Neuronenaktivität vorhanden ist. Die Vordatierung vollzieht der sich seiner selbst bewußte Geist zum Ausgleich für die zeitliche Verzögerung, die eintritt, bis schwache neuronale raumzeitliche Aktivitätsmuster den Schwellwert für bewußtes Erkennen erreichen. Auf diese Weise werden die ins Bewußtsein tretenden Ereignisse zeitlich korrigiert, so daß ihr Aufeinanderfolgen der Reihenfolge der auslösenden Stimuli entspricht, unabhängig davon, ob diese stark oder schwach sind. Wir sind der Meinung, daß Libet einen Zeitangleichungsmechanismus entdeckt hat, der dem sich seiner selbst bewußten Geist zugeschrieben werden muß. Fehlte diese Zeitangleichung, so würde eine Folge von schwachen und starken Klopftönen, wie sie z. B. beim Spielen mit einem Schlagzeug entstehen, in einer verzerrten Zeitbeziehung erlebt werden.

Wir haben alle schon die Erfahrung gemacht, daß die Zeit manchmal langsam und manchmal schnell abzulaufen scheint, je nach den Umständen, in denen wir uns gerade befinden. Nun gibt es aber in bezug auf das Zeiterleben einen besonderen Aspekt, der äußerst interessant ist und den jeder kennt. Wenn akute Notlagen eintreten, scheint die Zeit nur langsam vorbeizugehen. Dies geschieht, wenn der sich seiner selbst bewußte Geist aus jenen Modulen abliest, in denen Daten zur akuten Situation verarbeitet werden. Der sich seiner selbst bewußte Geist besitzt nun offenbar die Fähigkeit, das Zeiterlebnis zu verlangsamen, so daß ihm scheinbar mehr Zeit zur Verfügung steht, um in diesem Gefahrenmoment Entscheidungen zu treffen.

Die Beziehung zwischen Gehirn und Geist bei Willkürhandlungen

Ein fundamentales neurologisches Problem drückt sich in der Frage aus: Wie kann die Absicht, eine Muskelbewegung auszuführen, neuronale Vorgänge in Gang setzen, die zu Entladungen von Pyramidenzellen des motorischen Kortex führen und somit die Aktivierung derjenigen neuronalen Bahn veranlassen, die zur Muskelkontraktion führt? Wir sind heute in der Lage, auf Experimente von Hans Kornhuber (1974) über das elektrische Potential zurückzugreifen, das in der Hirnrinde vor der Ausführung einer gewollten Handlung aufgebaut wird. Es besteht eine reizvolle Parallele zwischen diesen imponierend einfachen Experimenten und den Versuchen Galileo Galileis (1564–1642), der die Bewegungsgesetze des Universums mit Metallkugeln untersuchte, die er eine schiefe Ebene hinunterrollen ließ.

Das Problem besteht darin, von der Versuchsperson ganz

nach deren eigenem Wollen eine grundeinfache Bewegung ausführen zu lassen, dabei aber doch über einen exakten Zeitmaßstab zu verfügen, um die Durchschnittswerte der sehr kleinen Potentiale zu ermitteln, die an der Schädeloberfläche registriert werden können. Diese Schwierigkeit haben Kornhuber und seine Mitarbeiter überwunden, indem sie die bei Beginn der Bewegung auftretenden Muskelpotentiale dazu verwendeten, eine rückläufige Berechnung der Hirnpotentiale auszulösen, die bis zum Zeitpunkt von zwei Sekunden vor Beginn der Bewegung reichte. Die Bewegung bestand in einer schnellen Beugung des rechten Zeigefingers. Die Versuchsperson führte diese Bewegung in unregelmäßigen Abständen von einigen Sekunden »willentlich« aus, wobei sie aufs sorgfältigste von möglichen externen Auslösereizen abgeschirmt wurde. Auf diese Weise gelang es, aus je 250 Einzelaufzeichnungen der Potentiale, die an jeder von mehreren über die Oberfläche des Schädels verteilten Stellen abgeleitet wurden, Durchschnittskurven zu bilden, wie sie in den oberen drei Diagrammen von Abbildung 24 gezeigt werden. Das dem Beginn der Bewegung vorangehende langsam ansteigende Potential, das als ›Bereitschaftspotential‹ bezeichnet wird, läßt sich als eine negative Welle beobachten, und zwar bei unipolarer Aufzeichnung über einen weiten Bereich der zerebralen Oberfläche (registriert durch an der Kopfhaut angebrachte Elektroden). Daneben gibt es aber auch noch schwache positive Potentiale von ähnlichem Zeitverlauf über den vordersten und am meisten basal gelegenen Hirnregionen. Gewöhnlich beginnt das Bereitschaftspotential bereits 800 msec vor dem Einsetzen der Muskelpotentiale als langsame negative Welle und geht dann in ausgeprägtere, erst positive, dann negative Potentialzacken über, die bei etwa 90 msec einsetzen. Das unterste Diagramm von Abbildung 24 zeigt eine bipolare Ableitung von symmetrischen Punkten beiderseits über dem motorischen Kortex, wobei sich der linke Ableitungspunkt über dem die Fingerbewegung steuernden Areal (vgl. Abb. 1) befand. Dabei kam es zu keiner feststellbaren Asymmetrie, bis etwa 50 msec vor dem Einsetzen der Muskelpotentiale eine steile negative Zacke auftrat. Man kann

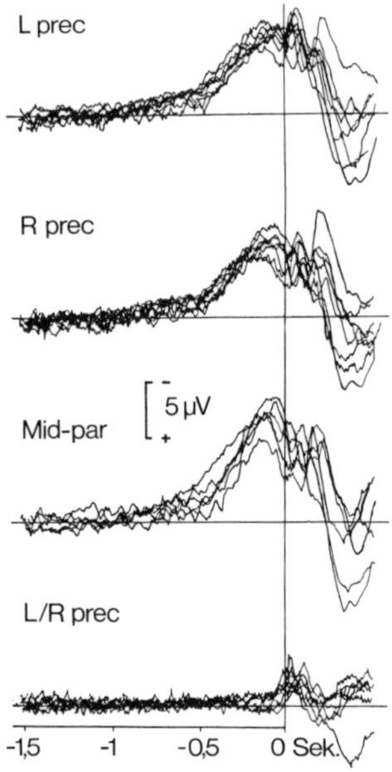

Abb. 24: Aufzeichnungen von Bereitschaftspotentialen, die an den vermerkten Stellen der Kopfhaut als Reaktion auf willkürliche Fingerbewegungen registriert wurden. Die Zeitmarke Null befindet sich am Beginn der Fingerbewegung, die vorausgehenden Potentiale sind durch Rückrechnung unter Mittelung von je 250 Einzelreaktionen erhalten worden. Die in das Diagramm eingetragenen Abkürzungen bedeuten der Reihe nach: L prec = Links präzentral, R prec = Rechts präzentral, Mid. par = Mitte parietal, L/R prec = Aufzeichnung von links präzentral gegen rechts präzentral (nach Kornhuber, 1974).

somit annehmen, daß das Bereitschaftspotential durch komplexe neuronale Entladungsmuster erzeugt wird, die zunächst symmetrisch sind, dann aber auf die Pyramidenzellen im zuständigen motorischen Kortex ausstrahlen und deren Entladung anregen, wobei sie auf diese Weise die lokalisierte negative Zacke erzeugen, die der Bewegung unmittelbar vorausgeht. Bei komplexeren Bewegungen dauert das Bereitschaftspotential sogar noch länger, zum Beispiel beim Aussprechen des Wortes »Lotte« beträgt es etwa 1,5 Sekunden.

Diese Experimente liefern zumindest eine Teilantwort auf die Frage: Was geschieht in meinem Gehirn zu dem Zeitpunkt, in dem ich mich entschließe, eine beabsichtigte Bewegung auszuführen? Es kann angenommen werden, daß sich während des Bereitschaftspotentials eine zunehmende Spezifität des neuronalen Entladungsmusters ausbildet, bis schließlich die Pyramidenzellen in den entsprechenden Arealen der motorischen Hirnrinde aktiviert werden, damit die gewünschte Bewegung zustande kommt. Das Bereitschaftspotential darf somit als das neuronale Gegenstück zum bewußten Willensimpuls angesehen werden. Die überraschende Grundeigenschaft des Bereitschaftspotentials ist seine weite Ausdehnung und sein allmähliches Entstehen. Offensichtlich greift während des Stadiums, in dem der Wille zu einer Bewegung auftaucht, der sich seiner selbst bewußte Geist auf sehr breiter Basis in die Impulsmuster der Module ein. Schließlich wird diese gewaltige neuronale Aktivität geformt und so gelenkt, daß sie sich auf die Pyramidenzellen in den entsprechenden Zonen der motorischen Hirnrinde (vgl. Abb. 1) konzentriert, die die verlangte Bewegung ausführen können. Die Dauer des Bereitschaftspotentials ist ein Hinweis darauf, daß die sukzessive Aktivierung einer sehr großen Zahl von Modulen nötig ist, bis der sich seiner selbst bewußte Geist nach einer längeren Vorbereitungszeit die Entladungen in den Pyramidenzellen der motorischen Rinde zu bewirken vermag. Vermutlich wird diese Zeit dazu verbraucht, um die erforderlichen raumzeitlichen Erregungsmuster in Millionen von Neuronen der Hirnrinde aufzubauen. Dies ist ein Anzeichen dafür, daß die Einwirkung des sich seiner selbst bewußten Geistes auf das Gehirn nicht mit sonderlicher Kraft vor sich geht. Wir dürfen diese Einwirkung eher als vorsichtig und subtil abtastend betrachten, wobei Zeit erforderlich ist, um Aktivitätsmuster aufzubauen, die vielleicht noch modifiziert werden können, während sie sich entwickeln. Zusammenfassend können wir also feststellen, daß unsere Hypothese zur Neuabgrenzung und Lösung des Problems beiträgt, wie die lange Dauer des einer willkürlichen Aktion vorausgehenden Bereitschaftspotentials zu begründen ist.

Wahrnehmungstäuschungen

Wir wollen unsere Untersuchung auf visuelle Täuschungen beschränken, weil diese viel eingehender erforscht worden sind als Täuschungen anderer Sinne. Es gibt drei verschiedenartige Typen visueller Täuschungen (Gregory 1968): optische Täuschungen, Sinnestäuschungen und Wahrnehmungstäuschungen. Für optische Täuschungen gibt es eine rein physikalische Erklärung, so z.B. für Täuschungen, die von Spiegeln, Prismen oder Linsen verursacht werden sowie von deren Äquivalenten in der Natur, zum Beispiel ein Stab, der an der Grenzfläche zwischen Luft und Wasser gebrochen erscheint, oder Luftspiegelungen (Fata Morgana). Sinnestäuschungen sind auf physiologische Prozesse in der Netzhaut (Retina) und im Gehirn zurückzuführen. Zu erwähnen wären etwa Nachbilder oder die durch rotierende Spiralen hervorgerufenen Wahrnehmungen, ferner die durch gleichzeitig vorhandene oder aufeinanderfolgende Kontraste bewirkten Phänomene, wie z.B. die Machschen Bänder, die aus einer schmalen Hell-Dunkel-Zone zwischen gleichförmig hell und dunkel beleuchteten Feldern bestehen. Diese beiden Typen von Täuschungen haben alle eine befriedigende Erklärung durch Vorgänge in Welt 1 gefunden, und zwar entweder durch Vorgänge in der äußeren Welt oder durch solche in den Sinnesorganen und im Gehirn des Beobachters. Anders verhält es sich bei den Wahrnehmungstäuschungen, die vom bewußten Urteil des Beobachters abhängig sind und somit zur Welt 2 gehören. Am einfachsten sind die bekannten ›umkippenden‹ Figuren mit zweifacher Deutungsmöglichkeit hinsichtlich der räumlichen Tiefe wie z.B. »Necker-Würfel« (Abb. 25A) oder die als ansteigende Treppe bzw. als überhängendes Gesims zu deutende Figur (Abb. 25B). Es gibt eine große Fülle von solchen unter den Namen ihrer Entdecker – Müller-Lyer, Ponzo, Hering, Wundt – bekanntgewordenen Trugfiguren (vgl. Gregory 1968).

Doppelsinnige Figuren, wie die in Abbildung 25, gehören zu einer besonderen Klasse von Wahrnehmungstäuschungen, weil die betreffende Figur in ihrer Gesamtheit gesehen wird und dabei ein momentaner Wechsel von einer Interpretation zur anderen erfolgt, ohne daß eine Übergangsstufe erkennbar wäre. Es gibt jedoch kein Gegenstück im Gehirn, das für diese globale Verschiebung verantwortlich sein könnte. In allen Stadien ist eine unveränderte Ausführung der neuronalen Darbietung zu erwarten, von der Netzhaut des Auges an bis zu den nachfolgenden, für die Verarbeitung der Information zuständigen Instanzen in den visuellen

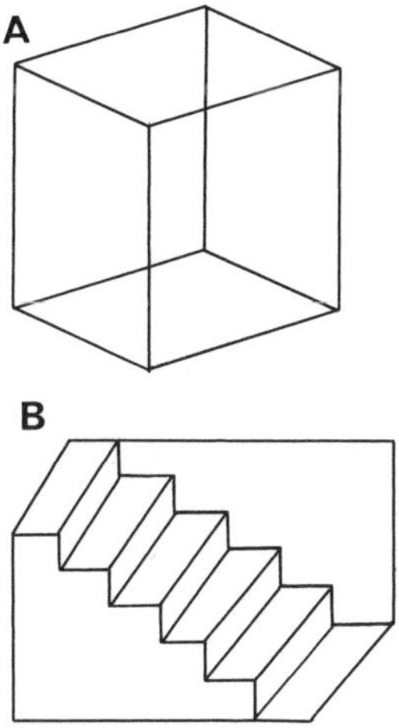

Abb. 25: Typische doppeldeutige (reversible) Figuren: A ist als »Nekker-Würfel« bekannt; B ist die Figur, die sich beim Betrachten aus einer Treppe in ein überhängendes Gesims und wieder zurück zur Treppe verwandelt.

Arealen der Hirnrinde. Deshalb kann dieser globale Wechsel der Interpretation nur in dem sich seiner selbst bewußten Geist zustande kommen. Somit mutmaßen wir, daß der sich seiner selbst bewußte Geist aus dem Komplex raumzeitlicher kortikaler Erregungsmuster eine zusammenhängende und umfassende Erkenntnis von (sagen wir) einer Treppe (Abb. 25B) ableitet. Dieselben neuronalen Erregungsmuster gelten aber genausogut auch für die zusammenhängende und umfassende Erkenntnis eines Gesimses. Eine Kompromißdeutung dagegen gibt es nicht. Deshalb erfolgt das Überspringen von einer Gestalt zur anderen, wobei zuweilen beim Übergang ein ganz kurzes ›Weißwerden‹ vor den Augen eintritt. Diese Wahrnehmungserlebnisse geben einen interessanten Einblick in die Art und Weise, wie der sich seiner selbst bewußte Geist aus den neuronalen Erregungsmustern ganzheitliche Erfahrungen abliest.

Kommissurotomie und das Liaisonhirn

Das *Corpus callosum* ist eine Bahn von etwa 200 Millionen Nervenfasern, die auf eine nahezu spiegelbildartige Art und Weise eine mächtige, kommissurale Verbindung zwischen fast allen Regionen der Hirnhemisphären schafft. Der

enorm intensive Austausch von Impulsen über das *Corpus callosum* sichert die Zusammenarbeit zwischen den beiden Hirnhemisphären. Bei etwa zwanzig Patienten ist das *Corpus callosum* vollständig durchtrennt worden, weil sie an nahezu ununterbrochenen epileptischen Anfällen litten, die selbst durch massive Medikation nicht unter Kontrolle zu bringen waren. Man nahm an, daß sich die Anfälle in einer Hirnhälfte entwickeln und dann auf dem Weg über das *Corpus callosum* auf die andere Hirnhälfte übergreifen, so daß sich der Anfall rasch generalisiere. Deshalb kam es zu dem Vorschlag, das *Corpus callosum* zu durchtrennen, damit wenigstens eine Hirnhälfte anfallsfrei bleibe. Es stellte sich heraus, daß die Operation einen noch besseren Erfolg zeitigte, als man zunächst gehofft hatte, denn in beiden Hirnhemisphären nahm die Zahl der Anfälle merklich ab.
Roger SPERRY und seine Mitarbeiter haben Testverfahren entwickelt, bei denen in die eine oder die andere Hirnhälfte dieser *Split-Brain*-Patienten Informationen eingespeist werden können und sich die Reaktionen jeder Hemisphäre unabhängig von der anderen beobachten lassen (Sperry 1974). Bei allen sieben untersuchten Patienten lag das Sprachzentrum in der linken Hemisphäre (vgl. Abb. 1), die somit immer die sprachdominante Hemisphäre war.
Die bemerkenswerteste Entdeckung, die man bei diesen Experimenten machte, bestand darin, daß alle neuronalen Aktivitäten in der rechten Hemisphäre, der sogenannten untergeordneten Hemisphäre, dem sich durch die Sprache ausdrückenden Subjekt unbekannt sind, da es nur mit den in der linken Hemisphäre stattfindenden neuronalen Aktivitäten in Verbindung steht. Nur durch die dominante Hemisphäre kann sich der Patient sprachlich ausdrücken. Und durch die Verbindung mit eben dieser Hemisphäre ist außerdem das bewußte Wesen oder Selbst als dieselbe Person erkennbar wie vor der Operation.
Abbildung 26 zeigt ein Schema, das Sperry vor einigen Jahren veröffentlichte. Es ist jedoch immer noch wertvoll als Diskussionsgrundlage zur Erörterung der Geschichte vom geteilten Gehirn. Das Schema veranschaulicht das rechte und linke Gesichtsfeld mit ihrer hochselektiven Projektion

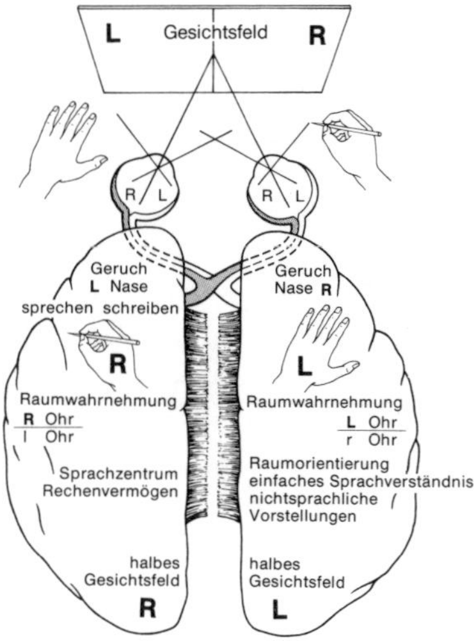

Abb. 26: Schema, das den Weg zeigt, wie aufgrund der partiellen Kreuzung im *Chiasma opticum* das linke Gesichtsfeld in die rechte Sehrinde und das rechte Gesichtsfeld in die linke Sehrinde projiziert wird. Das Schema gibt auch andere sensorische Inputs an, die von den rechten Gliedmaßen zur linken Hemisphäre und von den linken Gliedmaßen zur rechten Hemisphäre gehen. In ähnlicher Weise kreuzt der Input des Hörsinns weitgehend, der Geruchssinn dagegen ist ipsilateral (nach Sperry, 1974).

auf die gekreuzten visuellen Areale der Hirnrinde, die durch die Buchstaben R und L gekennzeichnet sind. In dem Schema wird auch die streng unilaterale Projektion des Geruchs sowie die überwiegend gekreuzte Projektion des Hörens gezeigt. Die gekreuzte Anordnung der motorischen wie auch der sensorischen Innervation der Hände ist ebenfalls angedeutet und ferner auch der Befund, daß das arithmetische Rechnen sich vorwiegend in der linken Hemisphäre vollzieht. Die rechte Hemisphäre dagegen kann nur sehr einfache Additionen durchführen.

Man kann sagen, daß die rechte Hemisphäre ein sehr hochentwickelter Gehirnteil ist, mit der Ausnahme, daß sie sich nicht sprachlich ausdrücken kann und daher auch nicht vermag, mithin mögliche Bewußtseinserlebnisse nachweisbar mitzuteilen. Sperry behauptet, daß in der rechten Hemisphäre eine andere Art von Bewußtsein vorhanden sei, dessen Existenz aber verborgen bleibe, weil ihm die Ausdrucksmöglichkeit durch die Sprache fehle. Andererseits besitzt die linke Hemisphäre ein normales sprachliches Darstellungsvermögen, und so kann man erkennen, daß sie mit der früheren Existenz des Ich oder des Selbst in enger Verbindung steht und auch mit allen Erinnerungen an die

Vergangenheit vor der Kommissurotomie. So betrachtet, ist von dem sprechenden Selbst ein nichtsprechendes Selbst abgespalten worden, das sich nicht durch die Sprache mitteilen kann und das zwar da ist, aber stumm oder aphasisch bleibt. Zum gegenwärtigen Zeitpunkt können wir nur sagen, daß wir nicht wissen, ob es in der isolierten rechten Hemisphäre irgendeine nicht ausdrückbare Bewußtheit gibt, genauso wie wir auch nichts von irgendeinem Bewußtsein wissen, das Tiere vielleicht haben könnten. Wir kennen auch keinen Weg, es zu entdecken, aber wir müssen ebenso die Grenzen erkennen, die unseren Testverfahren gesetzt sind, und zwar sowohl bei höheren Tieren als auch bei der rechten Hirnhemisphäre nach Durchtrennung des *Corpus callosum*. Wichtig ist, zu unterscheiden zwischen der mit der linken Hirnhälfte verbundenen Selbstbewußtheit und der postulierten Bewußtheit, die mit der rechten Hirnhälfte verbunden ist.

Allgemein betrachtet ist die dominante Hemisphäre auf feine gedankliche Details jeglicher Art und Wirkungsweise spezialisiert, d.h., sie ist analytisch und sequentiell. Sie kann auch addieren, subtrahieren, multiplizieren, dividieren und andere computerähnliche Funktionen ausführen. Aber ihre Dominanz stammt natürlich von ihren sprachlichen und gedanklichen Fähigkeiten sowie von ihrer Bindung an die Selbstbewußtheit (Welt 2). Wegen ihrer Mängel in dieser Hinsicht verdient die untergeordnete Hemisphäre durchaus ihre Bezeichnung, aber in vielen wichtigen Leistungen, besonders im Hinblick auf das räumliche Vorstellungsvermögen, wozu vor allem eine spezielle Fähigkeit zum Erfassen von gestalthaften und bildlichen Strukturen gehört, zeichnet sie sich aus. So zum Beispiel erweist sich die für die linke Hand zuständige untergeordnete Hemisphäre bei allen Arten von geometrischer und perspektivischer Darstellung als bedeutend überlegen. Diese Überlegenheit dokumentiert sich auch in der Geschicklichkeit, mit farbigen Steinchen ein vorgelegtes Mosaikbild nachzubilden. Die dominante Hemisphäre ist dagegen unfähig, auch nur einfache Aufgaben dieser Art durchzuführen, auch ist sie nahezu unkundig in bezug auf bildhaftes oder gestalthaftes Wahrnehmen, zumindest offenbart sich dies durch ihre Unfähigkeit, entsprechende Vorlagen zu kopieren. Sie ist eine arithmetische, aber keine geometrische Hirnhälfte.

Bemerkenswerte Beispiele für die komplementären Funktionen der dominanten und der untergeordneten Hirnhemisphäre haben die von Sperry und seinen Mitarbeitern gemachten Untersuchungen mit Chimärenbildern geliefert. Solche Bilder wurden hergestellt, indem man, wie in Abbildung 27, das Bild eines Gesichts zerteilte und dann verschiedene Gesichtshälften zusammensetzte. Die Bilder der

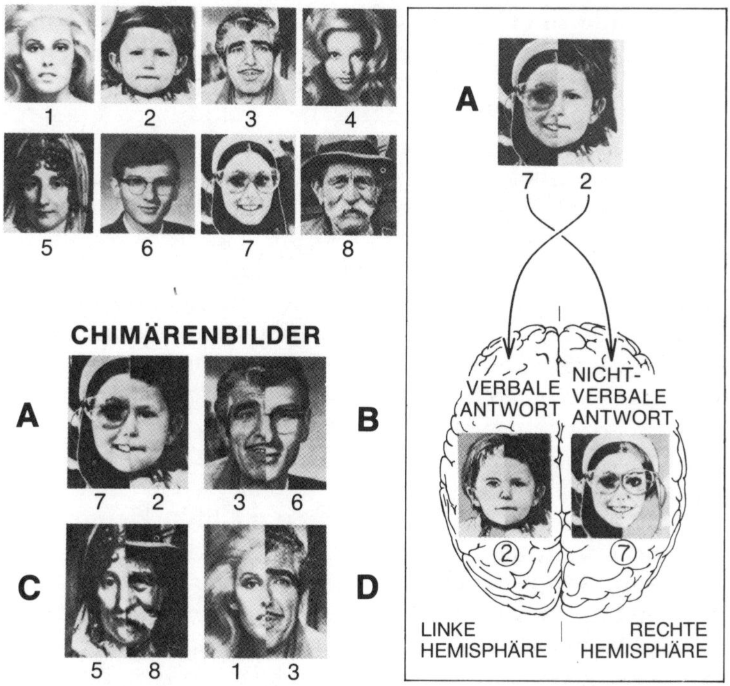

Abb. 27: Stimulierung durch Chimärenbilder, die man aus zwei verschiedenen Hälften menschlicher Gesichter zusammengesetzt hat, um zu testen, wie die beiden Hirnhälften für das Erkennen menschlicher Gesichter spezialisiert sind. Ausführliche Erklärung im Text (nach Sperry, 1974).

Gesichter sind von 1 bis 8 numeriert, und chimärische Stimuli werden durch vier Kombinationen in A, B, C und D gezeigt. Eine dieser Kombinationen wird ganz kurz (tachistoskopisch) projiziert, während die Versuchsperson den Mittelpunkt des Projektionsschirms fixiert. Der chimärische Stimulus A zum Beispiel ist aus den Gesichtern 7 und 2 zusammengesetzt. Das im linken Gesichtsfeld befindliche Bild (die Hälfte von Gesicht 7) wird zur rechten Hemisphäre projiziert. Ähnlich projiziert das rechte Gesichtsfeld (die Hälfte von Bild 2) in die linke Hemisphäre. Infolge des Fehlens der kommissuralen Verbindung verfährt jede Hirnhälfte entsprechend der von ihr gemachten Wahrnehmung, um das Bild zu ergänzen, so wie es die auf jeder Hirnhälfte eingezeichneten Bilder zeigen. Die chimärische Eigenart des gesamten visuellen Inputs wird nicht erkannt, aber jede Hirnhälfte zeigt, ihren spezifischen Funktionen entsprechend, eine eigene Antwort. Infolgedessen wird, wenn man eine verbale Auskunft verlangt, diese in Übereinstimmung mit dem in der linken Hemisphäre vervollständigten Bild gegeben. Wenn aber andererseits eine visuelle Erkennungsreaktion durch Hinweisen mit der linken Hand auf die Reihe der acht Gesichter erfolgen soll (manuelle Antwort), so wird auf Gesicht 7 gezeigt. Es gibt von diesem Chimären-Test jetzt zahlreiche Varianten, bei denen neben Gesichtern die verschiedenartigsten Gegenstände benützt werden. Aber immer wird durch die Ergebnisse die vollständige Trennung der beiden Hirnhälften in ihren Wahrnehmungsreaktionen veranschaulicht. Wenn man eine verbale Antwort verlangt, dominiert die linke Hemisphäre mit ihrer Wahrnehmung des rechten Gesichtsfeldes. Dagegen dominiert die rechte Hemisphäre, wenn die verlangte Wahrnehmung die Verarbeitung komplexer und schwer zu beschreibender Anordnungszusammenhänge erfordert oder wenn Reaktionen über die Hand erfolgen sollen, zum Beispiel durch Zeigen auf Gegenstände. Die unterschiedliche Arbeitsweise der beiden Hemisphären, wie sie in den Abbildungen 26 und 28 schematisch zusammengestellt ist, wird somit durch die Chimären-Tests bestätigt.

Abbildung 28 zeigt, wie sich die beiden Hemisphären in ihren Eigenschaften gegenseitig ergänzen. Die untergeordnete Hemisphäre ist kohärent, während sich die dominante auf das Detail ausrichtet. Weiter ist die untergeordnete Hemisphäre nicht nur auf die bildhafte Wahrnehmung eingestellt, sondern neuerdings liegen Beweise dafür vor, daß sie auch musikalisch ist. Musik ist ihrem Wesen nach kohärent und synthetisch, da sie durch Abfolgen von Tonreizen vermittelt wird. Unser Sinn für Musik schafft aus den Einzeltönen ein kohärentes, synthetisches, sequentiell ablaufendes Bildwerk auf gewissermaßen holistische Weise. Brenda MILNER hat hierzu bestätigend feststellen können, daß eine operative Entfernung des rechten Schläfenlappens die musikalischen Fähigkeiten erheblich beeinträchtigt, wie dies etwa im Seashore-Test zum Ausdruck kommt. Bei diesem Test wird zweimal kurz nacheinander eine Sequenz

Dominante Hemisphäre	Untergeordnete Hemisphäre
Verbindung zum Selbstbewußtsein (Welt 2)	keine direkte Verbindung zu Welt 2
sprachlicher Ausdruck	nahezu keine sprachlichen Fähigkeiten
semantische Unterscheidungen	Musikalität
abstrakte Analogien	Bild- und Mustererfassung optische Beziehungen
Analyse zeitlicher Abläufe	zeitliche Integration
Detailanalyse	ganzheitliches Bild-Denken
arithmetische Fähigkeiten	geometrische und räumliche Fähigkeiten

Abb. 28: Verschiedene spezifische Leistungen der dominanten und untergeordneten Hirnhemisphäre, wie sie sich aus neueren Konzepten von Sperry (1973) und Levy (1974) ergeben. Die ursprüngliche Liste wurde durch einige Zusätze erweitert.

von Einzeltönen vorgespielt, und die Versuchsperson muß angeben, welcher Ton bei der zweiten Darbietung ihrer Meinung nach anders war.

Die Funktionsunterschiede der beiden Hirnhemisphären im Sinne von Abbildung 28 werden auch durch die Ergebnisse von Versuchen mit der dichotischen Reizdarbietung bestätigt. Dabei untersucht man im wesentlichen die Reaktion der Versuchsperon auf Signale einer bestimmten Modalität, die derart dargeboten werden, daß die den beiden Hirnhemisphären getrennt zugeführten Inputs miteinander in Konkurrenz treten. Diese neue experimental-psychologische Technik des Wettstreits zwischen den beiden Hemisphären hat den großen Vorteil, daß sie bei normalen Versuchspersonen angewendet werden kann. Andererseits sind aber die Ergebnisse weniger differenzierend als jene aus Untersuchungen über die Folgen einseitiger Hirnläsionen von allgemeiner oder umschriebener Natur.

Bestechend ist eine von Sperry aufgestellte Hypothese, die besagt, daß die beiden Hirnhemisphären komplementäre Funktionen aufweisen. Eine solche Arbeitsteilung ist sehr leistungsfähig, da jede Hemisphäre unabhängig von der anderen ihre eigenen, besonderen Fähigkeiten bei der Aufbereitung und Verarbeitung des neuronalen *Inputs* einsetzen kann. Wie in Abbildung 29 dargestellt, können anschließend durch Austausch über die Kommissurenfasern die beiden komplementären Leistungen in den Vorstellungs-, Sprach- und Liaisonarealen kombiniert und zu einem Ganzen integriert werden.

Meine These besagt, daß das philosophische Problem von Gehirn und Geist durch diese bei Personen mit geteiltem Gehirn gemachten Untersuchungen über die Funktionen der voneinander getrennten dominanten und untergeordneten Hemisphäre eine neue Qualität gewonnen hat. Bereits vor mehreren Jahren vertrat ich die Meinung, daß das bewußte Selbst nur mit der dominanten Hemisphäre in Verbindung steht. Die untergeordnete Hemisphäre ist und war per se immer eine ›bewußtlose‹ Hemisphäre, aber normalerweise erlangt sie selbstverständlich Bewußtsein durch Kommunikation mit der dominanten Hemisphäre mittels

des mächtigen durch das *Corpus callosum* fließenden Stroms von Impulsen.
Diese Hypothese läßt sich durch die in Abbildung 29 gegebene schematische Darstellung des Gehirns genauer spezifizieren. Hier wird gezeigt, wie das bewußte Selbst (Welt 2 von Popper) nur mit den spezifisch sprachlichen und den zu abstrakter Vorstellung befähigten Arealen der dominanten Hemisphäre in direkter Verbindung steht.
Abbildung 29 veranschaulicht, daß das *Corpus callosum* ein außerordentlich leistungsstarkes Verbindungssystem ist, so daß alle in der untergeordneten Hemisphäre stattfindenden Vorgänge sehr rasch und wirksam zum Liaisonhirn der dominanten Hemisphäre und so zum bewußten Selbst übermittelt werden können. Dieser Prozeß erfolgt, wie für den Beitrag der untergeordneten Hemisphäre, auch für alle Wahrnehmungen, alle Erfahrungen und alle Erinnerungen, also für den ganzen Inhalt von Welt 2 (vgl. Abb. 20). Als man das *Corpus callosum* durchtrennte, wurde evident, was schon die ganze Zeit über der Fall war, nämlich, daß die untergeordnete Hemisphäre per se immer ein bewußtloser Gehirnteil ist und die Verbindung durch das *Corpus callosum* benötigt, um Informationen vom bewußten Selbst zu erhalten und Informationen zu diesem zu übermitteln. Heute erkenne ich jedoch, daß diese Schlußfolgerung mit der Begründung in Frage gestellt werden kann, daß die operative Beseitigung der immensen Kommunikation zwischen den beiden Hirnhemisphären durch die Kommissurotomie vielleicht eine Leistungsverminderung der untergeordneten Hemisphäre verursachen mag, die normalerweise irgendeine direkte Verbindung mit dem sich seiner selbst bewußten Geist haben kann, wie es in Abbildung 29 (oben) durch die gestrichelten Pfeillinien angedeutet wird. Auf die mögliche Funktion einer kommissuralen Unterstützung der untergeordneten Hemisphäre werden wir später nochmals zurückkommen.
Als ich vor vielen Jahren (Eccles 1953) in Anlehnung an Sherrington (1940) postulierte, es müsse eine bestimmte Region im Gehirn geben, die in Verbindung mit dem Bewußtsein stehe, dachte ich sicher nicht daran, daß man ein

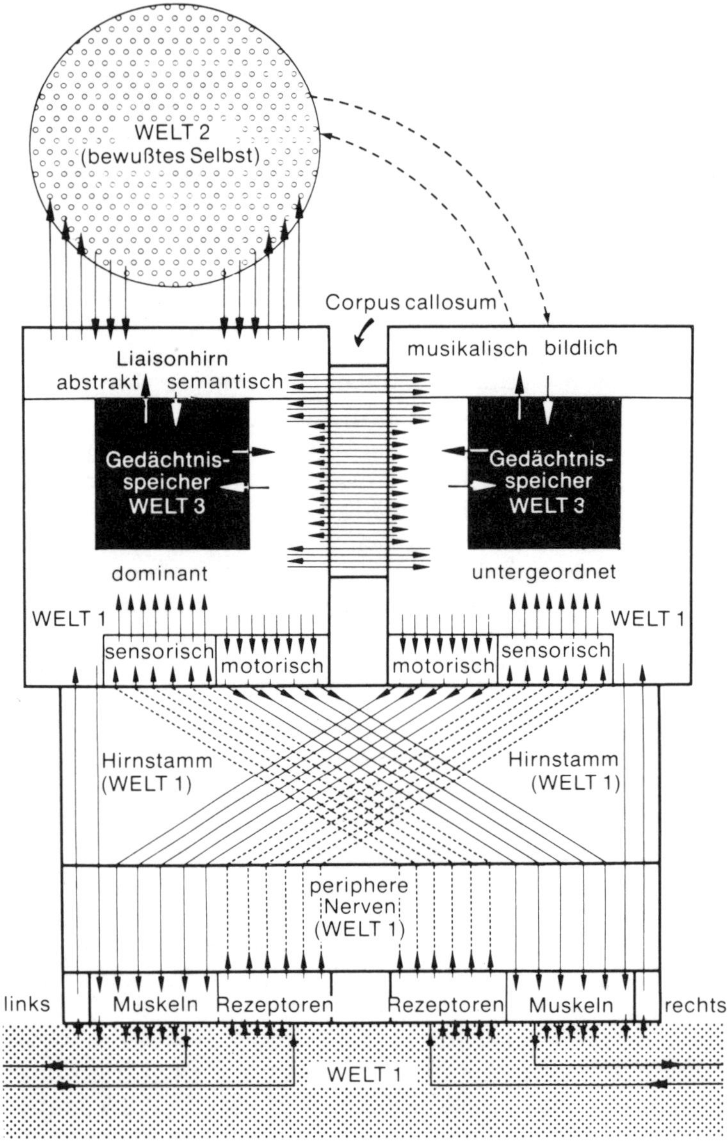
WELT 2
(bewußtes Selbst)
Corpus callosum
Liaisonhirn
abstrakt
semantisch
musikalisch
bildlich
Gedächtnis-
speicher
WELT 3
Gedächtnis-
speicher
WELT 3
dominant
untergeordnet
WELT 1
WELT 1
sensorisch
motorisch
motorisch
sensorisch
Hirnstamm
(WELT 1)
Hirnstamm
(WELT 1)
periphere
Nerven
(WELT 1)
links
Muskeln
Rezeptoren
Rezeptoren
Muskeln
rechts
WELT 1

paar Jahre später schon ein experimentelles Testverfahren in diesem Zusammenhang anwenden könnte. Heute haben wir diese Unterscheidung zwischen der dominanten Hemisphäre, die mit dem bewußten Selbst in Verbindung steht, und der untergeordneten Hemisphäre, die keine solche oder höchstens eine marginale Verbindung aufweist. Diesen empirischen Befund soll Abbildung 29 verdeutlichen. Die Kommunikationslinien weisen in beiden Richtungen, über die motorischen Leitungsbahnen nach außen zu den Muskeln und von den Rezeptoren, die Informationen von der Außenwelt empfangen, einwärts zu den sensorischen Arealen der Hirnrinde. Man sieht ferner, daß die untergeordnete Hemisphäre bei ihrer Kommunikation mit Welt 2 normalerweise keine substantielle Benachteiligung gegenüber der dominanten Hemisphäre dadurch erleidet, daß sie genötigt ist, ihren Beitrag durch das *Corpus callosum* zu den Liaisonarealen der dominanten Hemisphäre zu übermitteln. Erstens ist das *Corpus callosum* eine so immense Leitungsbahn, daß die untergeordnete Hemisphäre bei der Übermittlung keine Verkehrsprobleme haben dürfte. Zweitens muß – wie aus Abbildung 29 zu ersehen ist – der größte Teil der dominanten Hemisphäre vermutlich seine Verarbeitungsergebnisse ebenfalls zu den Liaisonarealen übertragen.

Abb. 29: Kommunikationen zum und vom Gehirn sowie innerhalb des Gehirns. Das Schema zeigt die hauptsächlichen Kommunikationslinien von den peripheren Rezeptoren zu den sensorischen Rindenarealen und dann weiter zu den interpretierenden Rindenarealen der beiden Hirnhemisphären. In ähnlicher Weise zeigt das Schema den *Output* von den Hirnhemisphären über den motorischen Kortex zu den Muskeln. Wie aus der Darstellung zu ersehen ist, kreuzen diese beiden Bahnsysteme größtenteils, aber auch nebenrangige ungekreuzte Bahnen sind angegeben. Die dominante linke Hirnhemisphäre sowie die untergeordnete rechte Hemisphäre sind bezeichnet, zusammen mit einigen Eigenschaften dieser Hemisphären, die man in Abbildung 28 aufgeführt findet. Das *Corpus callosum* wird als mächtige Querverbindung zwischen den beiden Hemisphären gezeigt. Außerdem läßt das Schema die Wechselbeziehungen zwischen Welt 1 und Welt 2 erkennen, wie sie im Text beschrieben und in Abb. 19 dargestellt sind.

Die Hypothese über kortikale Module und den sich seiner selbst bewußten Geist

Wir können jetzt die Frage stellen: Welche neuronalen Vorgänge stehen in Verbindung mit dem sich seiner selbst bewußten Geist, um Informationen zu geben sowie auch um solche zu empfangen? Diese Frage betrifft den zu Welt 1 gehörenden Teil der zwischen Welt 1 und Welt 2 befindlichen Grenzzone (vgl. Abb. 20). Die Hypothese, daß das durch die neuronalen Vorgänge geschaffene Feldpotential der vermittelnde Agent sei, lehnen wir ab. Das ursprüngliche Postulat der Gestaltpsychologie gründete sich ebenfalls auf die Vermutung, daß durch einen massiven visuellen *Input,* wie zum Beispiel durch einen großen beleuchteten Kreis, ein in topologischer Hinsicht etwa äquivalentes Feld im visuellen Kortex erzeugt werde. Derlei primitive Hypothesen brauchen heute nicht weiter berücksichtigt zu werden. Eine etwas verfeinerte Version ist jedoch unlängst von Karl Pribram (1971) durch seine Postulierung von Mikropotentialfeldern vorgeschlagen worden. Dabei wird angenommen, daß diese Felder eine feinere kortikale Reaktion hervorrufen als die neuronale Impulserzeugung. Diese Feldpotentialtheorie involviert jedoch einen enormen Informationsverlust, weil Hunderttausende von Neuronen bei der Erzeugung eines Mikropotentialfeldes mitwirken müßten, auch wenn die betreffende kortikale Zone nur sehr klein ist. Bei dieser höchst unrationellen Aufgabe, gegen den extrazellulären Ohmschen Widerstand durch fortwährenden Stromfluß ein winziges elektrisches Potential zu erzeugen, würde jede feinere Form neuronaler Aktivität verlorengehen. Dazu hätten wir das weitere Problem, daß irgendein Homunkulus vorhanden sein müßte, um die Potentiale in all ihren Anordnungsmustern zusammenzulesen. Die vermutete Rückkoppelung von den Mikropotentialfeldern auf die Feuerungsfrequenzen der Neuronen wäre wegen der extrem geringen elektrischen Ströme kaum merklich.

Wir müssen annehmen, daß die einzelnen, in Raum-Zeit-Mustern ablaufenden neuronalen Wechselwirkungen eine funktionelle Bedeutung haben, denn andernfalls würden

katastrophale Informationsverluste eintreten. In diesem Zusammenhang müssen wir die Organisation der kortikalen Neuronen in der anatomischen und physiologischen Einheit betrachten, die Modul genannt wird (vgl. Abb. 21 und 22). Erstens ist es undenkbar, daß der sich seiner selbst bewußte Geist nur mit einzelnen Nervenzellen oder mit einzelnen Nervenfasern in Verbindung steht. Für sich allein sind diese neuronalen Einheiten viel zu unzuverlässig und unwirksam. Aufgrund unseres derzeitigen Verständnisses der Arbeitsweise des neuronalen Apparates betonen wir nachdrücklich, daß es ganze Gruppen von Neuronen (viele Hunderte) sind, die in einer aufeinander abgestimmten Anordnung arbeiten. Nur in solchen Verbänden, wie sie die Module der Hirnrinde bilden, kann es Zuverlässigkeit und Wirksamkeit geben. Das Modul, bestehend aus bis zu zehntausend Neuronen verschiedener Typen, hat bis zu einem gewissen Grade ein kollektives Leben von einiger Selbständigkeit und ist mit einem funktionellen Wechselspiel hin- und herlaufender Exzitation und Inhibition ausgestattet. Bis jetzt haben wir noch wenig Kenntnis von der inneren Dynamik eines Moduls, aber wir dürfen annehmen, daß das Modul mit seinen kompliziert organisierten und äußerst aktiven Eigenschaften ein Bestandteil der physikalischen Welt (Welt 1) sein könnte, das dem sich seiner selbst bewußten Geist (Welt 2) gegenüber offen ist, um Informationen von dort zu erhalten und dorthin zu übermitteln.
In Abbildung 20 sind die Module als vertikale, quer durch die ganze Dicke der Hirnrinde verlaufende Bänder dargestellt. Wir sind der Ansicht, daß nicht alle Module der Hirnrinde diese transzendente Eigenschaft haben, der Welt 2 gegenüber ›offen‹ zu sein und somit die der Welt 1 angehörenden Komponenten der Grenzzone zu bilden. Die Transzendenz beschränkt sich auf die Module des Liaisonhirns und ist nur dann vorhanden, wenn diese Module das richtige Aktivitätsniveau erreicht haben. Jedes Modul läßt sich mit einem Radiosende- und Empfangsgerät vergleichen. Szentágothai hat vorgeschlagen, man könne sich das Modul als einen integrierten elektronischen Mikroschaltkreis vorstellen, nur sei es noch weit komplizierter.

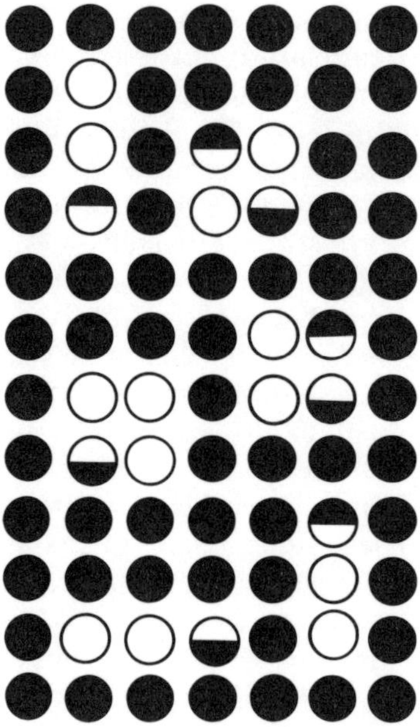

Abb. 30: Schematische Darstellung kortikaler Module bei Aufsicht auf die Hirnrinde. Wie aus der Beschreibung im Text hervorgeht, sind die Module durch Kreise von dreierlei Art dargestellt: hohle Kreise (entsprechen offenen Modulen), volle schwarze Kreise (entsprechen geschlossenen Modulen), Kreise, die nur zur Hälfte ausgefüllt sind (entsprechen halboffenen Modulen).

Abbildung 30 gibt in Diagrammform eine Darstellung der mutmaßlichen Anordnung von offenen und geschlossenen Modulen, wie man sie sehen würde, wenn man von oben auf die Kortexoberfläche schaut. Dabei haben wir uns die Freiheit genommen, in unserer schematischen Darstellung die Module, die eigentlich kleine Säulchen sind, als einzelne Scheibchen zu zeigen, und zwar nicht so eng aneinanderliegend, wie es in Wirklichkeit der Fall ist (vgl. Abb. 22). Außerdem muß man berücksichtigen, daß die normale, äußerst dynamische Situation hier wie in einer Momentaufnahme fixiert wiedergegeben ist. Offene Module sind als hohle Kreise, geschlossene Module als volle schwarze Kreise dargestellt. Daneben gibt es aber auch partiell offene Module, die dementsprechend als halbgefüllte Kreise gekennzeichnet sind. Man darf vermuten, daß der sich seiner selbst bewußte Geist diese modulare Anordnung prüfend abtastet und dabei nur von jenen Modulen, die einen gewissen Grad von Offenheit aufweisen, Information empfangen oder ihnen solche übermitteln kann. Durch seine auf offene

Module gerichtete Aktion kann er jedoch auch geschlossene Module durch Impulsentladungen entlang den von den offenen Modulen wegführenden Assoziationsfasern beeinflussen (vgl. Abb. 22). Auf diese Weise kann er dann auch geschlossene Module dazu veranlassen, sich zu öffnen. Die Kompliziertheit der wirklichen Verhältnisse kann nur gewürdigt werden, wenn man berücksichtigt, daß die säulenartige Anordnung des Liaisonhirns erst zum Ausdruck käme, wenn die Dimensionen der Abbildung 30 in jeder Richtung um das Fünfzigfache vergrößert würden. Es ist zu vermuten, daß zwischen Modulen eine intensive dynamische Wechselwirkung stattfindet. Eine solche Wechselwirkung kann wohl einerseits durch die Hemmung der unmittelbar angrenzenden Module (vgl. Abb. 21 und 22) erfolgen und andererseits durch die exzitatorischen Aktionen von Assoziations- und Kommissurenfasern, die auf die weiter entfernt liegenden Module einwirken. Abbildung 23 zeigt in extrem vereinfachter Form, wie eine sequentielle exzitatorische Aktion durch Assoziationsfasern ein raumzeitliches Muster modularer Wechselwirkung hervorzubringen vermag, wobei sich auch geschlossene Schleifen bilden. Da nun jedes Modul über mehrere hundert Pyramiden- und Sternpyramidenzellen verfügt, deren Axone Verbindungen zu anderen Modulen schaffen, projizieren die von einem Modul ausgesandten Impulsentladungen auf zahlreiche andere Module und nicht nur auf ein oder zwei Module, wie es in Abbildung 23 der Fall ist. Ein einziges Modul kann sogar auf Hunderte von anderen Modulen projizieren und deren Aktivität beeinflussen, wobei diese ihrerseits wiederum auf Hunderte von weiteren Modulen projizieren. Die Komplexität des sich so verbreitenden Aktivierungsmusters geht weit über alle unsere Vorstellungen hinaus, und möglicherweise wären epileptische Anfälle die Folge, gäbe es nicht die in den Abbildungen 21 und 22 dargestellten inhibitorischen Wechselwirkungen zwischen den Modulen.

Die einfachste Hypothese über die Wechselbeziehung zwischen Gehirn und Geist ist die, daß der sich seiner selbst bewußte Geist die Aktivität eines jeden Moduls des Liaisonhirns abtasten kann – oder zumindest aller jener Modu-

le, die auf seine momentanen Interessen abgestimmt sind. Wir haben bereits die Vermutung ausgesprochen, daß der sich seiner selbst bewußte Geist die Funktion hat, die von ihm getroffenen Selektionen aus dem ungeheuer reichen Inputmuster, das er vom Liaisonhirn erhält – nach der vorliegenden Hypothese handelt es sich dabei um die Aktivitäten der Module –, zu integrieren, um von Augenblick zu Augenblick Erlebnisse und Erfahrungen aufzubauen. Die dabei ausgewählten Module bilden für den jeweiligen Augenblick dann die Welt-1-Seite der Grenzzone zwischen Welt 1 und Welt 2, wie in Abbildung 20 schematisch dargestellt. Diese Grenzzone ist somit ein sich ständig veränderndes Gebiet innerhalb des Liaisonhirns. Wir haben schon Beweise dafür geboten, daß der sich seiner selbst bewußte Geist kleinere Korrekturen des Zeiterlebens vornehmen kann, um Wahrnehmungsverzögerungen auszugleichen, so daß in der äußeren Welt stattfindende Ereignisse ungeachtet ihrer Stärke in der richtigen zeitlichen Abfolge erlebt werden.
Im Zusammenhang mit den Abbildungen 21 und 22 ist schon darauf hingewiesen worden, daß nur die von den Thalamuskernen stammenden afferenten Fasern (vgl. Spez. aff. in Abb. 21 und 22) ihre Einflüsse vorwiegend auf die energetisch aktiven Kortexschichten (Schicht III, IV und V) ausüben. Deshalb wird vorgeschlagen, daß zur dynamischen Kontrolle und zur Gleichgewichtsbewahrung der agierenden Hirnrinde verschiedenste Ebenen mit unterschiedlicher hierarchischer Unterstellung und Empfindlichkeit vorhanden sind, in denen sich die Aktivität jeweils ganz sacht, aber keinesfalls schlagartig, verändert. Vermutlich wirkt der sich seiner selbst bewußte Geist nicht mit irgendeiner jähen Aktion auf die Module des Kortex ein, sondern vielmehr mit leichten Kursveränderungen. Eine sehr subtile Kursveränderung nach oben oder nach unten ist alles, was erforderlich ist. Man darf annehmen, daß dieser Effekt sich in den obersten Schichten (I und II) aufbaut und die Entladungen von Pyramidenzellen moduliert und steuert, die selbstverständlich wieder auf andere Module einwirken. Sie alle spielen dieses sich gegenseitig beeinflussende Spiel

miteinander. Außerdem möchten wir die Vermutung äußern, daß die Eingriffe des sich seiner selbst bewußten Geistes im Verhältnis zu den durch die thalamischen Inputs aktivierten synaptischen Mechanismen in den Schichten III, IV und V nur schwach sind. Er verursacht bloß kleine Abweichungen und moduliert durch seine geringfügigen Beeinflussungen die Aktivität der Module, was wir poetisch als ›kognitive Liebkosungen‹ bezeichnen könnten.

Wir müssen nun die Einrichtungen für modulare Wechselwirkung durch Assoziations- und Kommissurenfasern (vgl. Abb. 21), die Pyramidenzellaxone anderer Module sind, betrachten. Jedes Modul projiziert bekanntlich auf viele andere, die ihrerseits wieder Impulse zurückgeben. Diese Wechselbeziehungen sind zeitlich und räumlich sehr vielgestaltig und komplex. Wir hegen die Vermutung, daß der sich seiner selbst bewußte Geist agiert, indem er die Aktivität einer gewissen Anzahl dieser Module, wahrscheinlich Hunderte, leicht modifiziert, wobei die Module dann gemeinsam auf diese geringfügigen Änderungen reagieren und diese gemeinsame Reaktion durch die Assoziations- und Kommissurenfasern weiterleiten. Außerdem ist der sich seiner selbst bewußte Geist ständig damit beschäftigt, die Reaktionen, die er auf diese subtile Weise bewirkt, abzulesen und zu überprüfen. Es gehört zu den wesentlichsten Punkten unserer Hypothese, daß die Beziehungen zwischen den Modulen und dem sich seiner selbst bewußten Geist auf Gegenseitigkeit beruhen, da dieser sowohl Aktivator als auch Empfänger ist.

Aufgrund von Untersuchungen an Patienten, die teils globale (z.B. durch Kommissurotomie), teils begrenzte Hirnläsionen aufwiesen, dürfen wir annehmen, daß das Liaisonhirn einen großen Teil der dominanten Hemisphäre umfaßt, und zwar besonders die Sprachzentren sowie einen großen Teil des Frontallappens. Diese ausgedehnten Zonen setzen sich wahrscheinlich aus zahlreichen zusammenhängenden Arealen der Hirnrinde zusammen. Allerdings dürfte die aktuell vorliegende, offene kortikale Module aufweisende Grenzzone, die den sich seiner selbst bewußten Geist jeweils interessiert, wahrscheinlich ein geflecktes oder gemustertes Aussehen haben (vgl. Abb. 30). Der von dem sich seiner selbst bewußten Geist vorgenommene Ablesungsprozeß erfolgt vermutlich nicht nach der anatomischen Anordnung, sondern entsprechend den gerade aktiven Modulen, die durch Assoziationsfasern oder auch durch Kommissurenfasern in funktioneller Kommunikation miteinander stehen. Die integrierende Tätigkeit des sich seiner selbst bewußten Geistes beruht also keineswegs etwa auf der räumlichen Nähe der jeweils gerade offenen Module. Es ist vielmehr ihre funktionelle Verbundenheit, auf die es ankommt.

Im Zuge der Weiterentwicklung der Hypothese, daß eine Anzahl von Modulen für Welt 2 offen sind, dürfen wir annehmen, daß der sich seiner selbst bewußte Geist nicht nur oberflächlich über das Modul hinwegstreicht, wie man es sich vielleicht vorstellen könnte, wenn er nur die Mikropotentialfelder in der betreffenden Region abtasten würde. Wir müssen uns vielmehr vorstellen, daß er ›sondierend‹ in das Modul eindringt, wobei er die dynamischen Muster der neuronalen Tätigkeit abliest und beeinflußt. Man kann annehmen, daß dieser Vorgang jeweils bei all jenen Modulen erfolgt, welche Informationen verarbeiten, die unmittelbares Interesse und Beachtung seitens des sich seiner selbst bewußten Geistes finden.

Eine weitere wichtige Eigenschaft der Wechselbeziehung zwischen dem sich seiner selbst bewußten Geist und den Modulen besteht darin, daß er über seine Interaktion mit ›offenen‹ Modulen auch indirekt mit ›geschlossenen‹ Modulen in Verbindung treten kann. Da er mit offenen Modulen der linken Hirnhemisphäre in Verbindung steht, die dann durch das *Corpus callosum* in die rechte Hemisphäre hineinwirken, ist anzunehmen, daß für den sich seiner selbst bewußten Geist auch ein Zugang zur rechten Hirnhemisphäre besteht, und zwar auf dem Weg über offene Module der linken Hemisphäre durch das *Corpus callosum* in alle die spezialisierten, aber geschlossenen Module der rechten Hemisphäre. Diese Module wirken dann ihrerseits durch eine reziproke Operation wieder auf die offenen Module der linken Hemisphäre zurück. Auf diese Weise kann der sich seiner selbst bewußte Geist in die aktive Informationsverarbeitung der rechten Hemisphäre eingeschaltet werden. Es gibt eine große Zahl von Assoziations- und Kommissurenfasern, durch die Module sowohl innerhalb einer Hemisphäre als auch durch das *Corpus callosum* mit der anderen Hemisphäre sehr wirksam miteinander kommunizieren. Es dürfte eine sehr große Vielzahl von Verbindungsmöglichkeiten geben, was auch durch die Minderung der Gehirnleistung bestätigt wird, wenn eine Durchtrennung des *Corpus callosum* erfolgt oder wenn große Bezirke des Gehirns abgetragen werden. So zum Beispiel leiden nach Kommissurotomie oder nach Läsionen in der untergeordneten Hirnhemisphäre sowohl die Sprachfähigkeit als auch das verbale Gedächtnis (Sperry 1974, Milner 1974).

Schlaf, Traum und andere Bewußtseinszustände

Wir wissen, daß sich beim Einschlafen sowohl das zerebrale Aktivitätsniveau als auch die Muster der neuronalen Entladungen verändern. Im normalen Wach-EEG streuen die Intervalle zwischen den einzelnen Zacken in statistischer Verteilung um einen bestimmten Mittelwert. Wenn man dagegen während des Schlafs das EEG registriert, so sieht das Bild ganz anders aus. Hier folgen die Zacken bald langsam, dann aber wieder schneller aufeinander, und manchmal gibt es eine Art Chaos, mit plötzlich auftretenden salvenartigen Entladungen. Schlaf bedeutet also keineswegs ein Aussetzen der Gehirnaktivität, sondern so etwas wie weniger geregelte oder inkohärente Aktivität. In diesem Zustand entdeckt der sich seiner selbst bewußte Geist offenbar, daß es nichts abzulesen gibt. Alle Module sind ihm verschlossen. Er ist plötzlich aller Daten beraubt, und dies bedeutet Bewußtlosigkeit.

Aber wir wissen, daß ab und zu während der Nacht, etwa alle zwei bis drei Stunden, eine zerebrale Aktivität mit raschen Wellen niederer Spannung im EEG auftritt. Dies ist der sogenannte paradoxe Schlaf. Es erfolgen rasche Augen-

bewegungen, und der sich seiner selbst bewußte Geist findet wieder eine Möglichkeit, aus aktiven Modulen einen Traum mit seltsamen und sogar bizarren Bewußtseinserlebnissen abzulesen, die aber der Träumer gleichwohl immer als seine eigenen erkennt. Man darf vermuten, daß der sich seiner selbst bewußte Geist, während der Traumzyklus abläuft, aus dem Gehirn Informationen entnimmt, und dies auch dann, wenn die neuronalen Aktivitäten in ganz ungeordneter Form stattfinden. Die Träume können sich auf vergangene Erfahrungen des sich seiner selbst bewußten Geistes beziehen und sind oft Erinnerungen an andere Erlebnisse aus dem früheren Leben oder Anspielungen darauf. Zuweilen kommt es zu derart bizarren Erlebnissen, daß der Traum mit nichts vergleichbar zu sein scheint, das sich einst im wirklichen Leben ereignete, was aber doch vielleicht eine tiefere Bedeutung haben kann, die wir nicht kennen. Jedenfalls ist dies die Art, wie der sich seiner selbst bewußte Geist in Verbindung mit dem Gehirn arbeitet. Beim Aufwachen scheint sich der sich seiner selbst bewußte Geist nach und nach wieder zu organisieren. Er findet einige organisierte offene Module bzw. hier und dort ein Aufleuchten von geordneter Aktivität. Bald tritt dann stückweise und in eng begrenzten Erlebnissen das aufdämmernde Bewußtsein vom neuen Tag auf, und allmählich kommt es zum Zusammenbau der einzelnen Erinnerungsfetzen. Man erinnert sich, wo man ist, welche Pläne man für den bevorstehenden Tag bereits gemacht hat und was als nächstes zu tun ist. Dann nimmt man den ganzen wachen Tagesablauf in Angriff. Diese Geschichte hat Sherrington in einem von poetischer Schönheit erfüllten Abschnitt seines Buches »Man on his Nature« (1940, Kapitel 7) erzählt.
Alle diese Begebenheiten muß man sich so vorstellen, als ob der sich seiner selbst bewußte Geist vermutlich während der gesamten Schlafdauer forschend und prüfend die Hirnrinde nach offenen Modulen abgesucht hätte, die für eine Erfahrung hätten genützt werden können. Wir wissen auch, daß sehr viele ›Träume‹ in dem sich seiner selbst bewußten Geist ablaufen, an die man sich aber nach dem Erwachen nicht oder vielleicht erst Stunden später erinnert. Man weiß

dies, weil eine Versuchsperson sich an einen Traum zu erinnern vermag, wenn sie aufgeweckt wird, während die an dem aufgezeichneten EEG und an den Augenbewegungen zu erkennenden, mit dem Träumen assoziierten neuronalen Vorgänge ablaufen. Wenn man das Aufwecken um einige Minuten oder länger verzögert, gibt es gewöhnlich keinerlei Erinnerung an den von den Aufzeichnungen angezeigten Traum. Es hat sich als statistisch gesichert erwiesen, daß die Aufzeichnungen der elektronischen Registrierapparate zuverlässige Indikatoren für Träume sind. Wenn man nämlich die Versuchsperson aufweckt, während oder unmittelbar nachdem das Elektroenzephalogramm paradoxen Schlaf signalisiert, so berichtet sie in etwa 90 Prozent der Fälle über einen Traum. Diese Befunde geben wichtige Informationen über die Art und Weise, wie der sich seiner selbst bewußte Geist mit dem Gehirn verbunden ist. Vermutlich ist er ständig da und tastet das Gehirn ab, aber das Gehirn ist für ihn nicht immer in einem mitteilungsbereiten Zustand.
Charakteristisch für die meisten Träume ist, daß der Träumende eine außerordentlich beunruhigende Hilflosigkeit verspürt. Er ist tief in seine Traumerlebnisse verstrickt und sieht sich dennoch auf quälende Weise außerstande, in irgendeiner Form seinen Absichten entsprechend in das Traumgeschehen einzugreifen. Selbstverständlich handelt er in dem Traum, aber er hat dabei das Gefühl, daß er sich wie eine Marionette benimmt. Sein bewußtes Selbst, das in ihm ist, kann zwar Erlebnisse und Erfahrungen sammeln, aber nicht wirksam handeln, und genau das ist die Lage, die der von den Parallelisten wie auch von den Identitäts-Theoretikern behaupteten angeblich normalen Situation des Bewußtseins entspricht. Der unbestreitbare Unterschied zwischen Traum- und Wachzustand stellt eine Widerlegung der Theorie vom Parallelismus zwischen Gehirn und Geist dar. Eine parallelistische Welt könnte nur eine Traumwelt sein.
Wir wollen nun noch verschiedene andere Formen der Bewußtlosigkeit betrachten. Was geschieht zum Beispiel mit dem sich seiner selbst bewußten Geist während der viel

stärkeren Unterdrückung kortikaler Aktivität, wie sie in einer tiefen Narkose oder in einem Koma stattfindet? Wir wissen, daß im tiefen Koma alle neuronalen Entladungen aufhören. Im EEG sind dann über eine längere Zeitspanne hinweg keine Ausschläge mehr zu sehen. Dauert dieser Zustand etwa dreißig Minuten an, so ist er mit großer Wahrscheinlichkeit irreversibel. In diesem Fall sind die beiden Hirnhemisphären abgestorben, der sogenannte Hirntod ist eingetreten. Wir können fragen, ob während dieser Stadien von schwerer Bewußtlosigkeit der sich seiner selbst bewußte Geist immer noch versucht, das Hirn abzutasten und zu prüfen, ob er vielleicht irgendeinen kleinen aktiven Herd findet, der eine Erfahrung übermitteln könnte. Was da geschieht, liegt aber jenseits unseres Verstandes und wird unserem Wissen wohl immer verborgen bleiben.
Eine weitere Situation, die wir betrachten wollen, ist der entgegengesetzte Zustand. Bei einem epileptischen Anfall, bei dem sich neuronale Entladungen über das Gehirn ausbreiten, verliert der Patient das Bewußtsein, sobald der Anfall ein gewisses Ausmaß erreicht hat und eine bestimmte Teilmenge der Gehirnsubstanz betroffen ist. Umfaßt ein Anfall etwa bis zu maximal 50 Prozent der Hirnrinde, so kann der Patient noch bei Bewußtsein bleiben. Wird die 50-Prozent-Grenze jedoch überschritten, so verliert er das Bewußtsein, und es dauert lange, bis er sich wieder erholt. Sobald der Anfall vorüber ist, erholt sich das Gehirn allmählich von seiner heftigen konvulsiven Aktivität. Aber eine Zeitlang ist es gestört, und wiederum hat der Patient keine Erinnerung an das, was ihm widerfahren ist. Wir können annehmen, daß der sich seiner selbst bewußte Geist die Module während des Anfalls erfolglos abtastet.
Schließlich kommen wir noch zum allerletzten Problem: Was geschieht beim Tode? Dann hört jegliche Hirntätigkeit für immer auf. Der sich seiner selbst bewußte Geist, der in einem gewissen Sinne eine autonome Existenz innerhalb von Welt 2 geführt hat, stellt fest, daß das Gehirn, das von ihm so wirksam und erfolgreich ein ganzes Leben hindurch abgetastet, sondiert und kontrolliert worden ist, überhaupt keine Botschaften mehr gibt. Was dann geschieht, ist die

allerletzte Frage; sie wird im Schlußabschnitt behandelt werden.

Zusammenfassung und Schlußfolgerungen

Werfen wir noch einen kurzen Blick auf die Folgerungen, die sich aus der hier vorgetragenen konsequent dualistischen Hypothese ergeben. Zentral in ihr ist die Vorrangstellung, die dem sich seiner selbst bewußten Geist eingeräumt wird. Es wurde postuliert, daß dieser aktiv damit beschäftigt ist, nach Vorgängen im Gehirn zu suchen, die ihn jeweils interessieren (das Wirken der Aufmerksamkeit). Zugleich wirkt er aber auch als integrierende Instanz, die aus all den verschiedenen Gehirnvorgängen ein einheitliches Erfahrungsganzes aufbaut. Noch größere Bedeutung wird jedoch der Funktion zuerkannt, die Gehirnvorgänge, entsprechend seinen Interessen oder Wünschen, aktiv zu modifizieren. Die abtastende Tätigkeit, mit der er sucht, läßt darauf schließen, daß er bei der zu treffenden Auslese eine aktive Funktion ausübt. Sperry hat eine ähnliche Auffassung vertreten, indem er schreibt: »Bewußtseinsphänomene erscheinen unter dieser Betrachtungsweise so, daß sie mit den physikalisch-chemischen und physiologischen Aspekten der Gehirnvorgänge interagieren und deren Ablauf weitgehend bestimmen. Offensichtlich gibt es aber auch den umgekehrten Zusammenhang, und so kommt es zu einem wechselseitigen Zusammenspiel zwischen den physiologischen und den geistigen Faktoren. Die vorliegende Interpretation tendiert dahin, dem Geist wieder seine alte Vorzugsstellung über die Materie zurückzugeben, jedenfalls in dem Sinne, daß die geistigen Phänomene die physiologischen und biochemischen Phänomene transzendieren« (1970, 136).

Weiter oben ist darauf hingewiesen worden, daß diese Wechselwirkung zwischen dem sich seiner selbst bewußten Geist und dem Gehirn von der strukturellen Anordnung der zerebralen Neuronen in den durch anatomische und physiologische Untersuchungen definierten Modulen abhängt. Es wurde dargelegt, daß jedes Modul über eine intensive und äußerst vielseitige innere Dynamik verfügt, ein ›Eigenleben‹, das auf dem gemeinschaftlichen Zusammenspiel der vielen tausend Neuronen beruht, aus denen es zusammengesetzt ist. Aus diesen Komponenten der physikalischen Welt (Welt 1) entstehen so momentane Bestandteile einer fundamentalen Grenzzone (vgl. Abb. 20), welche den Einflüssen ›offen‹ stehen, die aus einer anderen Welt, nämlich von dem sich seiner selbst bewußten Geist der Welt 2 kommen. Nicht alle Module der Hirnhemisphären sind allerdings in dieser Weise ›offen‹. Nach einer Kommissurotomie steht der sich seiner selbst bewußte Geist nur noch mit der dominanten Hirnhemisphäre in Verbindung, und es wird die Meinung vertreten, das Liaisonhirn beschränke sich auf die Sprachzentren im weitesten Sinne, auf die multimodalen sensorischen Areale, insbesondere die des Frontallappens, sowie auf jene Areale, mittels derer der sich seiner selbst bewußte Geist sich nichtverbal – zum Beispiel bildhaft oder musikalisch – ausdrückt. Wir vermuten, der sich seiner selbst bewußte Geist könne je nach Belieben aus jenen Modulen Informationen herauslesen, die sich in diesem großen Gebiet neuronaler Aktivierung der dominanten und sogar der untergeordneten Hemisphäre befinden. Innerhalb eines Augenblicks wird nur ein winziger Bruchteil der Module abgetastet, und vieles von dem, was herausgegriffen wird, bleibt nur einige Sekunden lang im Kurzzeitgedächtnis haften. Aus diesem Grunde sind die meisten unserer bewußten Erfahrungen sehr flüchtig. Die Konzentration auf spezielle Äußerungen des sich seiner selbst bewußten Geistes kann jedoch neuronale Speicherungsprozesse in Gang setzen, die die Grundlage für das Intermediär- und Langzeitgedächtnis bilden. Wir vermuten, daß der sich seiner selbst bewußte Geist am Vorgang der Informationsspeicherung wie auch des Hervorholens aus dem Gedächtnisspeicher aktiv teilhat.

Die konsequent dualistisch-interaktionistische Hypothese, die wir entwickelt haben, darf wohl beanspruchen, zur Erklärung einer Vielzahl von Phänomenen beizutragen. Grundsätzlich werden durch diese Theorie zumindest Er-

klärungen für all die mit dem Zusammenwirken zwischen Gehirn und Geist verbundenen Fragen geliefert. Sie leistet auch einen Beitrag zum Verständnis einiger Aspekte von Gedächtnis, Wahrnehmungstäuschungen und schöpferischer Phantasie.
Abschließend möchte ich noch hervorheben, daß diese Hypothese durchaus wissenschaftlicher Natur ist, da sie sich auf empirische Daten stützt und einer objektiven Nachprüfung zugänglich ist. Gleichzeitig möchte ich betonen, daß sie – wie auch andere wissenschaftliche Theorien mit großen Erklärungsvermögen – noch der empirischen Überprüfung bedarf. Bis heute sind aber noch keine Befunde vorhanden, die die Hypothese widerlegen. Mit einigem Optimismus kann vorausgesagt werden, daß eine lange Periode ihrer Modifikation und Weiterentwicklung folgen wird, aber keine endgültige Widerlegung.

DIE NATUR DES MENSCHLICHEN INDIVIDUUMS

Wie Hans Zeier bereits dargelegt hat, führte der Evolutionsprozeß zu Geschöpfen mit zunehmend komplizierteren Gehirnen, die ihren Trägern vermutlich bereits eine einfache Form von Bewußtsein gaben. Schließlich ist ein sich seiner selbst bewußter Geist entstanden, nachdem das Gehirn einen bestimmten Grad an Komplexität erreicht hatte. Dieser sich seiner selbst bewußte Geist lieferte die notwendigen Mechanismen, um die ungeheuer vielgestaltigen raum-zeitlichen Muster der im Gehirn sich vollziehenden Neuronentätigkeit zu synthetisieren. Gehirn und Geist des Menschen ermöglichten es aber auch, die bislang nicht angezweifelte oder in Frage gestellte Welt aus Materie und Energie gedanklich zu überschreiten. Somit war Welt 1 nicht mehr vollständig geschlossen, und diese bedeutsame Veränderung hat in der Folgezeit eine immer weiter fortschreitende Umwandlung des Planeten Erde verursacht, wovon uns die Geschichte berichtet.

Ontologische Entwicklung des Selbstbewußtseins

Ein außerordentlich schwieriges Problem tut sich auf, wenn wir versuchen, die Art und Weise darzustellen, wie der Mensch sein Selbstbewußtsein erlangte. War es auf dem Weg über eine allmähliche Entwicklung, oder geschah es – wie Pièrre Teilhard de Chardin (1955) es postuliert – durch eine plötzliche Veränderung? Es ist eine verlockende Idee zu vermuten, die Entstehung des Bewußtseins wiederhole sich bei der Entwicklung des heranwachsenden Kindes. Gewiß, wenn wir aus der Tatsache, daß wir uns fast an nichts aus der Zeit unseres ersten Lebensjahres erinnern können, Schlüsse ziehen wollen, so waren wir einst keine selbstbewußten Lebewesen, obgleich man natürlich den durchaus plausiblen Einwand vorbringen könnte, daß es lediglich die Erinnerung an unsere Bewußtheit während dieser frühen Phase unseres Lebens ist, die uns fehlt. Freilich tauchen in unserem Gedächtnis kurze blitzartige Erinnerungsbilder eines bewußten Lebens während unserer ersten Jahre auf, aber offenbar ist alles andere in Vergessenheit geraten, wenn auch nicht ganz ohne die Möglichkeit, daß es unter bestimmten Umständen wieder ins Bewußtsein zurückgerufen werden kann. Und in dem Maße, wie sich unser Leben weiterentwickelt, haben wir immer mehr Erinnerungen an immer reichere Erlebnisse. Wahrscheinlich waren unsere früheren bewußten Erlebnisse mit den unmittelbaren Erfordernissen unserer Existenz verknüpft und wurden erst allmählich immer komplexer und subtiler. Man darf annehmen, daß das gleiche auch bei den primitiven Menschen der Fall war, und tatsächlich gibt es auch heute bei primitiven Menschen, die noch in ihrem Naturzustand leben, ein sehr dürftiges Repertoire von bewußten Erfahrungen. Wenn diese Menschen aber in eine reichere Kultur versetzt werden, so entfalten sie alle Entwicklungsmöglichkeiten, um sich an diese Kultur anzupassen und vollzivilisierte menschliche Lebewesen zu werden. Der Taubstumme ist ein Beispiel dafür, daß man eine Sprache hören muß, um sie sprechen zu können. Wir haben den rührenden Bericht von Helen Keller, die als achtzehn Monate altes

Kind blind und taub geworden war und die erzählt, wie ihr das Wunder der Sprache klar wurde, als sie nach langjährigem Unterricht zum ersten Mal das Wort »Wasser« gebrauchen konnte.

Die enge Verwandtschaft der Sprache mit den kognitiven Fähigkeiten des Menschen ist eingehend erforscht worden, indem man sich mit dem normalen Erlernen der Sprache in der Kindheit befaßte. Unlängst ist von mehreren Forschern gemeinsam eine bemerkenswerte Untersuchung an einem Opfer tragischer Familienverhältnisse durchgeführt worden (Curtis u.a. 1974). Das Mädchen Genie war völlig isoliert ohne jede sprachliche Erfahrung gehalten worden, bis es im Alter von dreizehneinhalb Jahren entdeckt und gerettet wurde. Die junge Person konnte damals noch kein einziges Wort sprechen. In einem nichtverbalen, kognitiven Test erzielte sie bloß die Leistung eines fünfzehn Monate alten Kindes. Im Verlauf von zwei Jahren entwickelte sie dann bemerkenswerte sprachliche und kognitive Fähigkeiten, aber ihre Sprache ist auch heute noch recht mangelhaft. Nachdem sie mit einsilbigen Wörtern begonnen hatte, entwickelte sie eine Zwei-Worte-Grammatik, und sie kann jetzt aus drei oder vier Wörtern bestehende Ketten bilden, die einen Sinn ergeben. Ihre Wortfolgen lassen erkennen, daß das, was sie leistet, nicht auf Nachahmung beruht, sondern, daß sie tatsächlich Sätze bildet. Bei der Satzkonstruktion hat sie jedoch Schwierigkeiten. So bringt sie es zum Beispiel nicht fertig, die Verneinungswörter ›nicht‹ oder ›kein‹ in ihre Sätze einzugliedern, sondern stellt sie unentwegt an den Anfang des Satzes.

Zusammenfassend kann man sagen, daß uns der tragische und langdauernde Entzug aller sprachlichen Erfahrung die fundamentale Funktion hat erkennen lassen, die die Sprache zu erfüllen hat, damit ein menschliches Lebewesen seine kognitiven und kreativen Fähigkeiten entfalten kann. Das deprivierte Gehirn brachte es immerhin noch fertig, einige seiner latenten Fähigkeiten zum Ausdruck zu bringen, wenngleich dies in der anderen Hirnhemisphäre geschah und nicht in derjenigen, die höchstwahrscheinlich bei normaler Entwicklung hierzu benützt worden wäre. Die übermäßig verzögerte sprachliche Entwicklung des Mädchens Genie war mit vielen Schwierigkeiten umgeben und ist immer noch sehr mangelhaft. Erwähnenswert ist der folgende abschließende Kommentar in dem 1974 verfaßten Bericht: »Genies bisheriger Spracherwerb läßt erkennen, daß trotz der tragischen Isolation, die sie erlitt, trotz des Fehlens sprachlicher Erfahrung, trotz der Tatsache, daß sie während der fast vierzehn Jahre dauernden Zeit ihres bisherigen Lebens überhaupt keine Sprache hatte, sie die geistigen Fähigkeiten des Spracherwerbs besitzt und dabei ist, sprechen zu lernen. Niemand kann voraussagen, wie weit sie sich sprachlich oder kognitiv entwickeln wird. Der bis jetzt erzielte Fortschritt ist jedoch bemerkenswert und veranschaulicht das intellektuelle Leistungsvermögen des Menschen« (Curtis u.a. 1974, 544).

Abschließend kann festgestellt werden, daß die ontogenetische Entwicklung eines menschlichen Individuums von der Kultur (Welt 3) abhängt, in die es eingebettet ist. Die Sprache ist die wichtigste Komponente dieser Kultur. Wenn aber, wie es beim Mädchen Genie geschah, ein fast völliger Entzug von Welt 3 stattfindet, so gelingt es nicht, sich zu einem Menschen mit Eigenpersönlichkeit zu entwickeln. Genie hat fast keine Erinnerung an irgendwelche Ereignisse, die während der dreizehneinhalb Jahre ihrer Einkerkerung stattfanden, genauso wie auch wir keine Erinnerung an das haben, was sich etwa während unseres ersten Lebensjahres ereignete. Mit der Sprache beginnt die Bereicherung unserer Erlebnisse und auch die Erinnerung daran. Normalerweise beginnt diese Entwicklung zwischen dem ersten und zweiten Lebensjahr, aber bei Genie geschah dies erst mit dreizehneinhalb Jahren und bei Helen Keller mit sechsdreiviertel Jahren. Die Entwicklung dieser Kinder zu Menschen mit Eigenpersönlichkeit verzögerte sich so stark, aber dann ist sie zweifellos erfolgt. Wir können somit sagen, daß sich die Welt 2 eines Individuums ontogenetisch mit der aus Welt 3 stammenden Eingabe entwickelt. Je mehr die Welt 2 sich entwickelt, um so mehr öffnet sie sich der Welt 3. Es handelt sich dabei sozusagen um eine ansteigende Doppel-Helix, die als Beispiel zur Veranschaulichung der sich kreuzweise vollziehenden Katalyse von Welt 2 und Welt 3 dienen mag, an deren Ende dann eine vollentwikkelte menschliche Person steht.

Freiheit versus Determinismus

In Übereinstimmung mit dem Ersten Gesetz der Thermodynamik ist Welt 1, d.h. die Welt der Materie und der Energie (vgl. Abb. 19), geschlossen. Man könnte die These vertreten, daß Abbildung 20 insofern nicht in Widerspruch zu dieser Forderung steht, weil nur Information und nicht Energie die Grenze zwischen Welt 1 und Welt 2 in beiden Richtungen überquert. Deshalb wird das Erste Gesetz der Thermodynamik durch die geforderte Offenheit der Welt 1 gegenüber Welt 2 nicht verletzt. Aber die durch diesen mutmaßlichen Informationsfluß von Welt 2 nach Welt 1 bewirkte Veränderung muß in Form von Veränderungen neuronaler Feuerungsmuster in den Modulen der Hirnrinde ihren Ausdruck finden, und dies wiederum muß mit einem Effekt verbunden sein, der gleichbedeutend ist mit Energieübertragung. Die Energieveränderungen brauchen anfänglich nur sehr gering zu sein, weil eine enorme Verstärkung sowohl vom neuronalen Apparat des Moduls mit seinem mächtigen exzitatorischen System (vgl. Abb. 21 und 22) als auch von den zwischen den Modulen stattfindenden Operationen (vgl. Abb. 23) geliefert werden kann. Die von Kornhuber und seinen Mitarbeitern durchgeführten Experimente (Kornhuber 1974), haben empirische Beweise dafür erbracht, daß Welt 2 in der Lage ist, im neuronalen Apparat Veränderungen hervorzurufen, wie es das in Abbildung 24 dargestellte Bereitschaftspotential zeigt. Diese neuronale exzitatorische Reaktion baut sich etwa 0,8 Sekunden lang auf, bevor sie wirksam wird, um die Entladung von Impulsen in den richtigen Pyramidenzellen des motorischen Kortex (Abb. 1) hervorzurufen. Wenn wir die feineren Einzelheiten der neuronalen Vorgänge in einem Modul des Liaisonhirns (Abb. 20) betrachten, so besteht keine Notwendigkeit, einen starken Einfluß aus Welt 2 zu postulieren. Es könnte

nämlich durchaus möglich sein, daß in der Gesamtenergiesituation dieses Systems überhaupt keine Veränderung eintritt, sondern nur eine Umverteilung dieser Energie, da ein übermäßiges Feuern der einen Neuronen durch ein vermindertes Feuern anderer Neuronen ausgeglichen wird.
Angesichts der hier dargestellten neuronalen Vorgänge im Kortex des Liaisonhirns, können wir nun in Erwägung ziehen, ob das in Abbildung 20 wiedergegebene Schema mit den Theorien der Physik in Einklang gebracht werden kann. Es ist oft die Ansicht vertreten worden, daß Heisenbergs physikalischer Indeterminismus (Unvoraussagbarkeit eines Quantensprungs) das erforderliche Schlupfloch in dem sonst geschlossenen System von Welt 1 ergibt. Dieser Vorschlag wurde von Eddington 1929, von Compton 1933, von Eccles 1953 und von Popper 1972 in Erwägung gezogen, dann aber abgelehnt, weil er nur Zufallsereignisse liefern kann und somit unbrauchbar ist, um die streng kausalen Vorgänge zu erklären, die in speziellen Modulen der Hirnrinde von den aus Welt 2 kommenden Einflüssen ausgelöst werden. Überdies steht mit der Quantentheorie in Widerspruch, daß geistige Einflüsse eine Kontrolle ausüben können. Eine andere, erfolgversprechendere Möglichkeit boten Bohr, Kramers und Slater 1924 mit ihrer These, daß das Erste Gesetz der Thermodynamik nicht streng deterministisch sei, sondern nur statistische Gültigkeit habe. Somit könnte es also in Welt 1 eine gewisse Offenheit geben, die sich von Welt 2 benutzen ließe. Dieser Vorschlag mußte leider aufgegeben werden, da der strenge Determinismus der Quantenphysik an seine Stelle trat. Ein wenig Hoffnung ist jedoch geblieben, da das Erste Gesetz der Thermodynamik in mehreren Punkten umformuliert werden mußte, um neue, auf dem Gebiet der Physik gemachte Entdeckungen zu berücksichtigen, so zum Beispiel elektrische Phänomene, Nuklearkräfte und labil interagierende Kräfte (vgl. Popper, Eccles 1977, Dialog V). Das Haupterfordernis, auf das es ankommt, ist, daß die Physik gegenüber Veränderungen aufgeschlossen sein muß, um neuentdeckte Phänomene einbeziehen zu können.
Bislang haben sich alle diese Phänomene innerhalb des von

Welt 1 gesteckten Rahmens gehalten. Die der Welt 1 abverlangte Offenheit für Welt 2 wird eine Revolution in der Naturwissenschaft erforderlich machen, die den von Victor WEISSKOPF 1975 ausgesprochenen Gedanken ausführt, eine ›äußere Grenze‹ zu überschreiten. Die in Abbildung 20 angegebene Grenze entspricht tatsächlich einer solchen ›äußeren Grenze‹. Die beiden Physiker und Nobelpreisträger Erwin SCHRÖDINGER (1958) und Eugene WIGNER (1969) haben vorausgeahnt, daß die Aufnahme geistiger Phänomene in die Welt der Naturwissenschaft einen Umbau oder eine Veränderung der physikalischen Gesetze erforderlich machen würde. Anderenfalls wäre alles, was der Mensch denkt, glaubt und tut, auf die neuronalen Vorgänge im Gehirn zurückzuführen. Wir wären in einem unerbittlichen Netz deterministischer neuronaler Vorgänge gefangen, die in irgendeinem parallelistischen Modus als geistige Erlebnisse erscheinen.

Wir haben bereits festgestellt: Ein solcher »Physikalischer Determinismus ist eine Theorie, über die man, wenn sie wahr ist, nicht argumentieren kann« (Popper 1972, dt. Ausg., 249). Der berühmte Naturforscher Arthur Holly COMPTON schrieb in seinem Buch »Freedom of Man«: »Handelt der Mensch in dem, was er tut, frei? Wenn... die Atome unseres Körpers ebenso unabänderlichen physikalischen Gesetzen folgen wie die Bewegungen der Planeten, warum es versuchen? Was kann schon unsere größte Anstrengung ausmachen, wenn unsere Handlungen bereits durch mechanische Gesetze vorherbestimmt sind...?« (1935, 1). Und Popper gibt dazu in seinem 1972 erschienenen Buch folgenden Kommentar: »Compton beschreibt hier das, was ich ›den Alptraum des physikalischen Deterministen‹ nennen möchte... Also können alle unsere Gedanken, Gefühle und Anstrengungen keinen praktischen Einfluß darauf haben, was in der physikalischen Welt geschieht: sie sind, wenn nicht bloße Einbildungen, bestenfalls überflüssige Nebenprodukte (›Epiphänomene‹) der physikalischen Ereignisse« (dt. Ausg., 242). Und: »Der physikalische Determinismus, so könnte man rückblickend sagen, war ein Tagtraum der Allwissenheit, der mit jedem Fortschritt der

Physik wirklicher zu werden schien, bis er zu einem scheinbar unausweichlichen Alptraum wurde« (dt. Ausg., 247).

Selbstidentität und die Konzepte Seele und Unsterblichkeit

Für jeden von uns hat das Selbst eine einzigartige Einmaligkeit, die unentwegt durch alle unsere Lebenserfahrungen fortdauert, wobei diese durch Erinnerungssequenzen miteinander verknüpft sind. Dies ist eine Erklärung, mit der wir, wie ich annehme, alle einverstanden sein können. Wir wissen nicht, wie wir dazu kamen, dieses einzigartige Selbst zu werden, das auf eine Weise in unserem Gehirn verankert ist, die wir nicht verstehen und wovon die in den Abbildungen 20 und 29 gezeigten Schemata nur ein ungefähres Bild geben können. Wir gehen durchs Leben mit dieser unserer geheimnisvollen Existenz als wahrnehmende und Erfahrungen sammelnde Lebewesen. Ich glaube, daß wir akzeptieren müssen, was ich als personalistische Philosophie bezeichne – nämlich, daß der Zentralpunkt unseres Daseins, wie wir es wahrnehmen und erleben, in unserer persönlichen Einzigartigkeit liegt.

Ich glaube, daß für mein persönliches Leben als ein bewußtes Selbst das Gehirn notwendig ist, aber es ist nicht ausreichend. In enger Verbindung mit den zu Welt 1 gehörenden Gehirnvorgängen steht die Welt 2, die meine bewußten Erfahrungen umfaßt und die ein persönliches Selbst als den Kern meines Seins in sich schließt. Unser ganzes Leben hindurch hat dieses persönliche Selbst Kontinuität, obschon in Zuständen der Bewußtlosigkeit, wie z.B. im traumlosen Schlaf, unter Anästhesie oder im Koma, die Verbindung mit dem Gehirn aufhört. Zwar sind die Zustände, in denen das Gehirn sich dann befindet, für eine Verbindungsaufnahme ungeeignet. Das Selbst kann aber dennoch beim Träumen eine teilweise Verbindung mit dem sich im Zustand des REM-Schlafs befindlichen Gehirn herstellen. Somit hat das Selbst in Welt 2 eine autonome Existenz, die es ihm ermöglicht, etwaige durch Bewußtlosigkeit entstehende Lücken zu überbrücken. Die letzte Frage lautet: Was geschieht, wenn sich das Gehirn beim Tod auflöst und das Selbst sein Liaisoninstrument für immer verliert? Einer Antwort weiche ich aus mit der Feststellung, daß es in unserer Existenz als selbstbewußte Wesen zwei miteinander verknüpfte Geheimnisse gibt: Lebensanfang und Lebensende. Beide stellen die gleichen Existenzprobleme dar. Ich glaube, daß sich in diesem unserem persönlichen Leben ein Sinn, eine Bedeutung erkennen läßt. Ich glaube, daß wir das Leben so leben müssen, als ob es ein großes Abenteuer wäre, und ich glaube, daß wir dies auch allen anderen zubilligen müssen. Jedes menschliche Wesen ist eine Person, die dieses geheimnisvolle, mit seinem Gehirn vereinte, bewußte Selbst besitzt. Der Mensch entwickelt die in seinem Gehirn vorhandenen Kräfte während seines ganzen Lebens, indem er die verschiedenen Aspekte von Welt 3 kennenlernt, und wird so zu einem kultivierten und zivilisierten menschlichen Wesen. Es ist die zwischen Welt 2 und Welt 3 bestehende Wechselwirkung, die in ihrem Reichtum und ihrer vielgestaltigen Intensität ein menschliches Wesen von allen Tieren unterscheidet, die wir mehr oder weniger als »Dinge« betrachten.

Mit unserer winzigen Intelligenz und Vorstellungskraft können wir uns nur mit zitternder Beklemmung an die großen Geheimnisse wagen, denen wir uns gegenübersehen, wenn wir versuchen, alles Existierende und alles, was wir erfahren und erleben, zu verstehen, zu erklären und zu begründen. Die Wissenschaft ist in ihrem beschränkten Problembereich sehr erfolgreich; aber die großen Probleme, das Mysterium tremendum, das die Existenz des ganzen Kosmos sowie auch unsere eigene Existenz als uns selbst erkennende Wesen betrifft, läßt sich nie und nimmer auf wissenschaftliche Art erklären und begründen. Unser Leben ist von Geheimnissen umgeben, was wir einsehen müssen, wenn wir, als vollzivilisierte Wesen, versuchen, unser Leben angesichts der größten und tiefsten Probleme des Daseins kreativ zu gestalten.

In theologischen Diskussionen schwankt die Bedeutung des

Wortes ›Seele‹ beträchtlich. Ich glaube, nun eine wissenschaftlich-philosophische Grundlage bieten zu können, auf der sich, wie ich überzeugt bin, der einzig haltbare Standpunkt in bezug auf das Gehirn und die Seele einnehmen läßt. Ich unterstelle, daß die von Aristoteles und Thomas von Aquin gehegte Auffassung, daß ›die Seele die Form des Körpers‹ sei, sich nicht länger aufrechterhalten läßt, was schon Descartes erkannt hatte. In den von Baron Friedrich von Hügel (1913), John Baillie (1934), W. Macneile Dixon (1937), Jaroslav Pelikan (1962) – um hier nur einige Namen zu nennen – zusammengestellten historischen Berichten über theologische und philosophische Disputationen finde ich, daß diese durchaus mit dem Vorschlag im Einklang stehen, daß sich die subjektive Komponente eines jeden von uns, nämlich das bewußte Selbst in Welt 2, als Seele identifizieren läßt.

Die Komponente unserer Existenz in Welt 2 ist nicht materieller Art und braucht daher beim Tod des Menschen nicht der Auflösung unterworfen zu sein, der alle zu Welt 1 gehörenden Komponenten des Individuums, d.h. sowohl der Körper als auch das Gehirn, anheimfallen. Selbstverständlich ist die der Welt 2 angehörende Komponente unserer Existenz nunmehr aller Kommunikation mit Welt 1 und Welt 3 beraubt, und deshalb muß für jeden von uns alle Erfahrung, wie wir sie kennen, der Vergessenheit anheimfallen. Aber hoffnungsvoll dürfen wir fragen: Braucht diese Vergessenheit endlos zu sein?

In allen materialistischen Philosophien, einschließlich aller Varianten des Parallelismus, ist der sich seiner selbst bewußte Geist oder die Seele nichts weiter als ein durch die Evolution geschaffener Emporkömmling aus dem hochentwickelten Gehirn. Demgegenüber bin ich, als Vertreter des dualistischen Interaktionismus, der Überzeugung, daß meine persönliche Einzigartigkeit, d.h. das von mir erlebte Bewußtsein meines Selbst sowie dessen Entstehung, sich nicht auf diese Weise erklären läßt. Genetische Einmaligkeit allein genügt nicht. Es läßt sich zwar die Behauptung aufstellen, daß ich die von mir erfahrene und erlebte Einzigartigkeit deshalb besitze, weil mein Gehirn nach den genetischen Instruktionen eines ganz einzigartigen genetischen Code-Systems, d.h. nach meinem Genom, konstruiert ist. Als ›mein Genom‹ ist der in meinen Körperzellen befindliche Chromosomensatz mit seinen ungefähr 30000 Genen zu verstehen, die längs der von der menschlichen DNA gebildeten riesigen Doppel-Helix mit ihren 3,5 mal 10^9 Nukleotid-Paaren aneinandergereiht sind. Es muß jedoch berücksichtigt werden, daß bei 30000 Genen (persönliche Mitteilung von Dobzhansky) nur eine Wahrscheinlichkeit von 1 gegen 10^{10000} besteht, daß jene Einmaligkeit zustande kommt. Das bedeutet aber: Wenn die Einzigartigkeit meines Selbst von der genetischen Einmaligkeit abhinge, durch die mein Gehirn aufgebaut wurde, dann würde die Wahrscheinlichkeit, daß ich wirklich in der von mir erlebten Einzigartigkeit existiere, nur 1 gegen 10^{10000} betragen. Dies ist der tatsächliche Wahrscheinlichkeitsgrad, der maßgebend ist, ob jemals wieder ein menschliches Gehirn gebaut wird, das mit meinem Gehirn in seiner ursprünglich genetisch codierten Struktur genau identisch ist. Die Zusammensetzung der dazu erforderlichen genetischen Anweisungen ist aber derart komplex, daß ein solcher Fall wohl nie eintreten wird. Die in dieser Hinsicht bestehende phantastische Unwahrscheinlichkeit hat Herbert JENNINGS 1930 in Kapitel VIII seines bemerkenswerten Buches »The Biological Bases of Human Nature« gebührend gewürdigt; das gleiche Thema wurde von mir 1970 in Kapitel V meines Buches »Facing Reality« eingehend behandelt.

Infolgedessen bekenne ich mich zu der Überzeugung, daß es etwas gibt, was ich den übernatürlichen Ursprung meines einmaligen, sich seiner selbst bewußten Geistes oder meiner einmaligen Individualität oder Seele nennen möchte. Daraus entsteht natürlich eine ganze Reihe neuer Probleme. Wie kommt es, daß meine Seele mit meinem Gehirn in Verbindung steht, das eine evolutionsgeschichtliche Entstehung aufweist? Die Idee einer übernatürlichen Schöpfung ermöglicht es mir, den mir äußerst unwahrscheinlich erscheinenden Gedanken fallenzulassen, die Einzigartigkeit meines eigenen Selbst sei genetisch determiniert. Die genetische Einmaligkeit meines Gehirns ist unproblematisch. Die Einzigartigkeit des von mir erlebten Selbst ist es, die diese Hypothese über einen unabhängigen Ursprung des Selbst oder der Seele erforderlich macht, dieser Seele, die sich dann auf eine Weise, über die wir nichts wissen, mit einem Gehirn verbindet, das dadurch zu meinem Gehirn wird. So geschieht es, daß das Selbst dann als ein sich seiner selbst bewußter Geist zu handeln beginnt, indem es auf die verschiedenen Arten, die wir schon erwähnt haben, mit dem Gehirn zusammenarbeitet, wobei es gibt und empfängt und am neuronalen Apparat des Gehirns eine wundersame integrierende, stimulierende und kontrollierende Tätigkeit ausübt.

Es gibt nun einige tiefe Probleme, die darauf hinauslaufen, wie diese Verbindung des Selbst mit dem Gehirn zustande kommt, und wie sie wieder aufhören wird. Damit tut sich eine neue Reihe weiterer Probleme auf, doch andererseits bin ich überzeugt, daß sich diese Probleme aus einer Hypothese herleiten, die weit realistischer ist als jene andere, welche annehmen möchte, daß mein Selbst sich in einer transzendent hervortretenden Verbindung mit meinem Gehirn befindet und gemäß dieser Erklärung seinen Ursprung völlig in einer materiellen Struktur von Welt 1 hat.

Von der Zeit der frühesten Religionen an ist die Idee der Unsterblichkeit durch die vielen Versuche, ihr eine sich auf die Ideologien der jeweiligen Epoche stützende Begründung zu geben, besudelt und sogar lächerlich gemacht worden. Infolgedessen fühlen sich heutzutage viele Intellektuelle und sogar religiöse Intellektuelle durch diese archaischen Versuche abgestoßen, das Leben nach dem Tod des Körpers zu beschreiben und auszumalen. Auch ich fühle mich abgestoßen. Aber wie ich schon vorangehend feststellte, glaube ich, daß es da ein unbegreifliches Geheimnis gibt. Was ist der Sinn dieses Lebens? Wir befinden uns hier inmitten dieser wunderbar reichen und intensiven bewußten Erlebnisse und Erfahrungen, welche sich die ganze Zeit unseres Lebens hindurch fortsetzen, aber ist dies dann zu Ende? Unser sich seiner selbst bewußte Geist steht in dieser geheimnisvollen Beziehung zum Gehirn, und infolgedessen erfährt er von menschlicher Liebe und Freundschaft, von den wunderbaren Schönheiten der Natur, von der geistigen Aufregung und Freude, die wir aus der Wertschätzung und dem Verständnis unseres kulturellen Erbes gewinnen. Soll dieses gegenwärtige Leben ganz und gar im Tode enden, oder dürfen wir hoffen, daß es dafür noch eine weiterführende Bedeutung gibt, die erst noch entdeckt werden muß? Ich möchte hier keine näheren Erklärungen darüber abgeben. Ich bin der Meinung, daß – was die Zukunft betrifft – diese wie unser Ursprung in völligem Dunkel liegt. Ist es nun wirklich so, daß dieses unser Leben einfach nur eine kurze Bewußtseinsepisode zwischen zwei Vergessenheitsperioden ist, oder gibt es irgendeine weiterreichende, transzendente Erfahrung, von der wir nichts wissen können, bevor sie uns zuteil wird?

Der bedeutende Neurologe und Neurochirurg Wilder PENFIELD schrieb: »Die körperliche Grundlage des Geistes ist die Gehirntätigkeit in jedem Individuum. Sie begleitet die Aktivität seines Geistes, aber der Geist ist frei. Er besitzt die Fähigkeit, einen gewissen Grad von Initiative zu entfalten. Der Geist ist der Mensch, den man kennt. Er muß während Perioden des Schlafs oder des Komas stets Kontinuität haben. Dann mutmaße ich auch, daß dieser Geist nach dem Tod des Menschen irgendwie weiterleben muß. Ich kann nicht daran zweifeln, daß viele Menschen Beziehungen zu Gott aufnehmen und Führung und Leitung von einem höheren Geist erfahren. Aber dies alles sind persönliche Überzeugungen, die jeder Mensch für sich akzeptieren mag oder nicht« (1969, 83).

Der Mensch hat in dieser heutigen Zeit den Weg verloren. Man hat diesen Zustand als ›die mißliche Lage‹ bezeichnet, in der die Menschheit sich befindet. Ich glaube, daß die Wissenschaft zu weit gegangen ist, als sie den Glauben des Menschen an seine geistige Größe, die sich in herrlichen, die Welt 3 betreffenden Leistungen dokumentiert, zum Einsturz brachte und ihm statt dessen die Überzeugung einflößte, daß der Mensch bloß ein unbedeutendes animalisches Lebewesen ist, das aus einem Gemisch von Zufall und Notwendigkeit auf einem unbedeutenden Planeten entstanden ist.

Ich glaube, die Hauptursache der Beunruhigung, von der die Menschheit heute ergriffen ist, liegt darin, daß die geistigen Führer in ihrem Eigendünkel zu arrogant sind. Wir sollten stets der großen unbekannten Tatsachen eingedenk sein, die ebenso in der materiellen Ausstattung und Arbeitsweise unseres Gehirns zu bemerken sind wie in den Beziehungen zwischen Gehirn und Geist sowie auch in unserer kreativen Phantasie. Wenn wir an diese großen Geheimnisse denken und vor allem auch an das Geheimnis unseres Entstehens, so sollten wir – meine ich – viel bescheidener sein. Die Zukunft, die wir uns jetzt noch nicht vorstellen können, die aber dereinst die unsere sein wird, kann dann vielleicht die Erfüllung dieses unseres gegenwärtigen Lebens bedeuten. Deshalb sollten wir bereit sein, die darin liegenden Möglichkeiten als das größte uns zuteil werdende Geschenk zu betrachten und als solches anzunehmen.
Indem wir dieses wunderbare Geschenk von Leben und Tod entgegennehmen, müssen wir nicht auf die Unvermeidbarkeit, sondern auf die Möglichkeit irgendeiner anderen Existenz vorbereitet sein. Dies ist die Botschaft, die wir dem entnehmen können, was Penfield 1969 und William Thorpe 1961 geschrieben haben. Auch ich selbst habe die feste Überzeugung, daß wir für die Zukunft aufgeschlossen sein müssen. Dieses ganze Weltall läuft nicht, ohne daß irgendein Sinn dahintersteckt, bloß immer nur weiter und weiter. Ich bin zu der Überzeugung gelangt, daß wir Geschöpfe sind, die irgendeine übernatürliche Bedeutung haben, die aber bis jetzt noch nicht genau bezeichnet ist. Wir können nicht mehr tun, als daran zu denken, daß wir alle vielleicht Teil irgendeines großartigen Planes sind. Jeder von uns darf zumindest die Überzeugung haben, daß er eine Rolle in irgendeinem gewaltigen, unvorstellbaren, übernatürlichen Drama spielt. Wir sollten alles daransetzen, um unsere Rolle nach bestem Können zu verwirklichen. Dann mögen wir mit Ernst und zugleich auch voller Freude auf die künftigen Enthüllungen alles dessen harren, was uns nach dem Tode bevorsteht.

LITERATURVERZEICHNIS

ALEXANDER, R. D.: *The search for an evolutionary philosophy of man.* Proceedings of the Royal Society of Victoria (Australia), 84, 1971, 99–120

ARDREY, R.: *The Social Contract.* London: Collins 1970. Deutsch: *Der Gesellschaftsvertrag.* Wien–München–Zürich: Molden 1971

ARMSTRONG, D. M.: *A Materialist Theory of the Mind.* London: Routledge 1968

BAILLIE, J.: *And the Life Everlasting.* London: Oxford University Press 1934

BARASH, D. P.: *Sociobiology and Behavior.* New York: Elsevier 1977

BATEMAN, A. J.: *Intrasexual selection in Drosophila.* Heredity, 2, 1948, 349–368

BERTALANFFY, L. von: *Theoretische Biologie.* Bd. I, II. Berlin: Borntraeger 1932, 1942; Bern: Francke 1951
Das biologische Weltbild. Bern: Francke 1949
General System Theory. New York: Braziller 1968

BERTRAM, B. C. R.: *The social system of lions.* Scientific American, 233, (May) 1975, 54–65

BIGELOW, R.: *The Dawn Warriors: Man's Evolution Toward Peace.* Boston, Mass.: Little, Brown 1969
The evolution of cooperation, aggression, and selfcontrol. In: J. K. COLE, D. D. JENSEN (Hrsg.): *Nebraska Symposium on Motivation, XX.* Lincoln: University of Nebraska Press 1972

BIGNAMI, G.: *Selection for high rates and low rates of avoidance conditioning in the rat.* Animal Behaviour, 13, 1965, 221–227

BOHR, N., KRAMERS, H. A., SLATER, J. C.: *The quantum theory of radiation.* Phil. Mag., 47, 1924, 785–802

BROWN, J. L.: *Communal feeding of nestlings in the Mexican jay (Aphelocoma ultramarina): interflock comparisons.* Animal Behaviour, 20, 1972, 395–403

BRUCE, H. M.: *Pheromones and behavior in mice.* Acta Neurologica Belgica, 69, 1969, 529–538

CAMPBELL, D. T.: *On the conflicts between biological and social evolution and between psychology and moral tradition.* American Psychologist, 30, 1975, 1103–1126

COMPTON, A. H.: *The Freedom of Man. Terry Lectures.* New Haven: Yale Univ. Press 1935

CURTIS, S., FROMKIN, V., KRASHEN, S., RIGLER, D., RIGLER, M.: *The linguistic development of Genie.* Language, 50, 1974, 528–554

DARLINGTON, C. D.: *The Little Universe of Man.* London: George Allen & Unwin 1978

DARWIN, C.: *On the Origin of Species by Means of Natural Selection.* London: Murray 1859. Deutsch: *Die Entstehung der Arten durch natürliche Zuchtwahl oder die Erhaltung der bevorzugten Rassen im Kampf ums Dasein.* Leipzig: Reclam 1860. Tb.-Ausg.: *Essay zur Entstehung der Arten.* München: Kindler 1971

DAWKINS, R.: *The Selfish Gene.* Oxford: Oxford University Press 1976. Deutsch: *Das egoistische Gen.* Berlin, Heidelberg: Springer 1978

DITFURTH, H. von: *Der Geist fiel nicht vom Himmel. Die Evolution unseres Bewußtseins.* Hamburg: Hoffmann und Campe 1976

DIXON, W. M.: *The Human Situation: Problems of Life and Destiny.* London: Arnold & Co., 1937. Deutsch: *Die Situation des Menschen. Eine Auseinandersetzung mit dem Problem unseres Daseins.* München: Beck 1963

DOBZHANSKY, Th.: *Evolution und Umwelt.* In: G. Heberer, F. Schwanitz (Hg.): *Hundert Jahre Evolutionsforschung.* Stuttgart: Fischer 1960, 81–98

DUETSCH, H. R. und BAETTIG, K.: *Psychogenetische Unterschiede (RHA- vs RLA-Ratten) in Vermeidungslernen, Offenfeldverhalten, Hebb-Williams-Intelligenztest und bei der Labyrinthexploration.* Zeitschrift für experimentelle und angewandte Psychologie, 24, 1977, 230–243

ECCLES, J. C.: *The Neurophysiological Basis of Mind: The Principles of Neurophysiology.* Oxford: Clarendon Press 1953

Facing Reality: Philosophical Adventures by a Brain Scientist. New York, Heidelberg, Berlin: Springer 1970

ECONOMO, C. F. von: *The Cytoarchitectonics of the Human Cerebral Cortex.* London: Oxford Medical Publications 1929

EIBL-EIBESFELDT, I.: *Grundriß der vergleichenden Verhaltensforschung.* München: Piper 1972

EIGEN, M.: *Selforganization of matter and the evolution of biological macromolecules.* Naturwissenschaften, 58, 1971, 465–523

EIGEN, M., SCHUSTER, P.: *The Hypercycle. A Principle of Natural Self-Organization.* Berlin, Heidelberg, New York: Springer 1979

EDDINGTON, A. S.: *Science and the Unseen World.* London: George Allen & Unwin Ltd. 1929

FEIGL, H.: *The »Mental« and the »Physical«.* Minneapolis, Minnesota: University of Minnesota Press 1967

FREMLIN, J.: *How stereoscopic vision evolved.* New Scientist, 56, 1972, 26–28

GEBSER, J.: *Ursprung und Gegenwart.* Band I und II. Stuttgart: Deutsche Verlagsanstalt 1949, 1953; München: Deutscher Taschenbuch Verlag 1973; Schaffhausen: Novalis 1978

GHISELIN, M. T.: *The Economy of Nature and the Evolution of Sex.* Berkeley: University of Californie Press 1974

GOLDBERG, J. M., GREENWOOD, D. D.: *Response of neurons of the dorsal and posteroventral cochlear nuclei of the cat to acoustic stimuli of long duration.* J. Neurophysiol., 29, 1966, 72–93

Gregory, R. L.: *Perceptual illusions and brain models.* Proc. Roy. Soc. B., 171, 1968, 279–296

Grensemann, H. (Hg.): *Die hippokratische Schrift »Über die heilige Krankheit«.* Berlin: Walter de Gruyter & Co 1968

Hamilton, W. D.: *The genetic evolution of social behavior. I and II.* Journal of Theoretical Biology, 7, 1964, 1–52

Hardy, A.: *The Living Stream.* London: Collins 1965

Hausfater, G.: *Dominance and reproduction in baboons (Papio cynocephalus). A quantitive analysis.* Contributions to Primatology, 7, 1975, 1–150

Heiligenberg, W., Kramer, U.: *Aggressiveness as a function of external stimulation.* Journal of Comparative and Physiological Psychology, 77, 1972, 332–340

Hockett, C. F.: *The origin of speech.* Scientific American, 203, (September) 1960, 89–96

Hodos, W.: *Evolutionary interpretation of neural and behavioral studies of living vertebrates.* In: F. O. Schmitt (Hrsg.): *The Neurosciences, Second Study Program.* New York: The Rockefeller University Press 1970, 26–39

Hrdy, S. B.: *Infanticide as a primate reproductive strategy.* American Scientist, 65, 1977, 40–49

Hubel, D. H., Wiesel, T. N.: *Receptive fields, binocular interaction and functional architecture in the cat's visual cortex.* J. Physiol., 160, 1962, 106–154

Hügel, F. von: *Eternal Life. A Study of its Implications and Applications.* Edinburgh: Clark 1913

Huxley, J. S.: *Ritualization of behaviour in animals and man.* Philosophical Transactions of the Royal Society of London, 251, 1966, 249–271

Isaac, G.: *The food-sharing behavior of protohuman hominids.* Scientific American 238, (April) 1978, 90–108

Jantsch, E.: *Design for Evolution. Self-Organization and Planning in the Life of Human Systems.* New York: George Braziller 1975
Die Selbstorganisation des Universums. München: Hanser 1979

Jennings, H. S.: *The Biological Basis of Human Nature.* New York: W. W. Norton & Co., Inc. 1930

Jerison, H. J.: *Evolution of the Brain and Intelligence.* New York, London: Academic Press 1973

Kawai, M.: *Newly acquired pre-cultural behavior of the natural troop of Japanese monkeys on Koshima Isles.* Primates, 6, 1965, 1–30

Keith, A.: *A New Theory of Human Evolution.* New York: Philosophical Library 1949

Kornhuber, H. H.: *Cerebral cortex, cerebellar and basal ganglia: An introduction to their motor functions.* In: F. O. Schmitt, F. G. Worden (Hrsg.): *The Neurosciences: Third Study Program.* Cambridge, Mass.: M. I. T. Press 1974, 267–280

Geist und Freiheit als biologische Probleme. In: R. A. STAMM und H. ZEIER (Hg.): *Lorenz und die Folgen.* Band VI in: Die Psychologie des 20. Jahrhunderts. Zürich: Kindler 1978, 1122–1130

KUENG, H.: *Christ sein.* München: Piper 1974

KUMMER, H., GOETZ, W., ANGST, W.: *Triadic differentiation: An inhibitory mechanism protecting pair bonds in baboons.* Behaviour, 49, 1974, 62–87

KURLAND, J. A.: *Kin Selection in the Japanese Monkey.* Basel: S. Karger AG 1977

LENHOFF, H. M.: *On the mechanism of action and evolution of receptors associated with feeding and digestion.* In: L. MUSCATINE, H. M. LENHOFF (Eds.): *Coelenterate Biology.* New York: Academic Press 1974, 211–243

LENSKI, G.: *Human Societies: A Macrolevel Introduction to Sociology.* New York: McGraw-Hill 1970

LEVY, J.: *Psychobiological implications of bilateral asymmetry.* In: S. J. DIMOND, J. G. BEAUMONT (Hrsg.): *Hemisphere Function in the Human Brain.* New York: John Wiley & Sons 1973, 121–183

LEWONTIN, R. C.: *Adaptation.* Scientific American, 239, (September) 1978, 157–169

LIBET, B.: *Electrical stimulation of cortex in human subjects, and conscious sensory aspects.* In: A. IGGO (Hrsg.): *Handbook of Sensory Physiology,* II. Berlin, Heidelberg, New York: Springer 1973, 743–790

LORENZ, K.: *Psychologie und Stammesgeschichte (1954).* In: K. LORENZ: *Über tierisches und menschliches Verhalten,* II. München: Piper 1965, 201–254

Das sogenannte Böse. Zur Naturgeschichte der Aggression. Wien: Borotha-Schoeler 1963

MAYNARD SMITH, J.: *The theory of games and the evolution of animal conflict.* Journal of Theoretical Biology, 47, 1974, 209-221

The evolution of behavior. Scientific American, 239, (September) 1978, 136–145

MAYR, E.: *Behavior programs and evolutionary strategies.* American Scientist, 62, 1974, 650–659. Deutsch: *Verhaltensprogramme und evolutionäre Strategien.* In: E. MAYR: *Evolution und die Vielfalt des Lebens.* Berlin, Heidelberg, New York: Springer 1979, 246–270

MEDAWAR, P. B.: *The Uniqueness of the Individual.* London: Methuen 1957

MILNER, B.: *Hemispheric specialization: scope and limits.* In: F. O. SCHMITT, F. G. WORDEN (Hrsg.): *The Neurosciences: Third Study Program.* Cambridge, Mass.: M. I. T. Press 1974, 75–89

MOHNOT, S. M.: *Some aspects of social changes and infant-killing in the Hanuman langur, Presbytis entellus (Primates: Cercopithecidae), in western India.* Mammalia, 35, 1971, 175–198

MONOD, H.: *Le hasard et la nécessité.* Paris: Editions du Seuil 1970. Deutsch: *Zufall und Notwendigkeit.* München: Piper 1971

MOUNTCASTLE, V. B.: *Modality and topographic properties of single neurones of cat's somatic sensory cortex.* J. Neurophysiol., 20, 1957, 408–434

NICOLIS, G., PRIGOGINE, I.: *Self-Organization in Nonequilibrium Systems: From Dissipative Structures to Order through Fluctuations*. New York: Wiley-Interscience 1977

PACKER, C.: *Reciprocal altruism in Papio anubis.* Nature, 265, 1977, 441–443

PELIKAN, J.: *The Shape of Death: Life, Death and Immortality in the Early Fathers.* London: Macmillan and Co., Ltd. 1962

PENFIELD, W.: *Science, the arts and the spirit.* Trans. Roy. Soc. Canada, Series IV, 7, 1969, 73–78

The Mystery of the Mind. Princeton, New Jersey: Princeton University Press 1975

PIAGET, J.: *Biologie et connaissance.* Paris: Gallimard 1967. Deutsch: *Biologie und Erkenntnis.* Frankfurt a.M.: S. Fischer Verlag 1974

PILBEAM, D.: *The Ascent of Man: An Introduction to Human Evolution.* New York: Macmillan 1972

POLTEN, E. P.: *A Critique of the Psycho-physical Identy Theory.* The Hague: Mouton 1973

POPPER, K. R.: *Objective Knowledge: An Evolutionary Approach.* Oxford: Clarendon Press 1972. Deutsch: *Objektive Erkenntnis.* Hamburg: Hoffmann & Campe 1973

Indeterminism is not enough. Encounter, 40, 1973, 20–26

POPPER, K. R., ECCLES, J. C.: *The Self and its Brain.* Heidelberg, New York, London: Springer 1977. Deutsch: *Das Ich und sein Gehirn.* München: Piper 1979

PORTMANN, A.: *Die biologische Bedeutung des ersten Lebensjahres beim Menschen.* Schweiz. Medizin. Wochenschrift, 71, 1941, 921–1001

Biologische Fragmente einer Lehre vom Menschen. Basel: Schwabe 1944, [3]1969

PRIBRAM, K. H.: *Language of the Brain:* Englewood Cliffs: Prentice-Hall, Inc. 1971

PRIGOGINE, I.: *Order through fluctuation: Self-organization and social system.* In: E. JANTSCH, C.H. WADDINGTON (Hrsg.): *Evolution and Consciousness: Human Systems in Transitions.* Reading, Mass.: Addison-Wesley 1976, 93–126

RENSCH, B.: *Neuere Probleme der Abstammungslehre. Die transspezifische Evolution.* Stuttgart: Ferdinand Enke Verlag 1947, [3]1972

ROEDER, K. D.: *An experimental analysis of the sexual behaviour of the praying mantis.* Biological Bulletin, 69, 1935, 203–220

ROSENZWEIG, M. R., BENNET, E. L., DIAMOND, M. C.: *Brain changes in response to experience.* Scientific American, 226, (February) 1972, 22–29

SCHALLER, G. B.: *The Serengeti Lion: A Study of Predator-prey Relations.* Chicago: University of Chicago Press 1972

SCHRÖDINGER, E.: *Mind and Matter.* London: Cambridge University Press 1958. Deutsch: *Geist und Materie.* Braunschweig: Vieweg 1959

SHERRINGTON, C. S.: *Man on His Nature.* London: Cambridge University Press 1940. Deutsch: *Körper und Geist. Der Mensch über seine Natur.* Bremen: Schünemann 1964

SIMPSON, G. G.: *Tempo and Mode in Evolution.* New York: Columbia University Press 1944

SIPES, R. G.: *War, sports and aggression: An empirical test of two rival theories.* American Anthropologist, 75, 1973, 64–86

SKINNER, B. F.: *Beyond Freedom and Dignity.* New York: A.A. Knopf, 1971. Deutsch: *Jenseits von Freiheit und Würde.* Reinbek: Rowohlt 1973

SKUTCH, A. F.: *Helpers among birds.* Condor, 63, 1961, 198–226

SPERRY, R. W.: *Perception in the absence of the neocortical commissures.* In: *Perception and Its Disorders,* Res. Publ. Assoc. Res. Nerv. Ment. Dis. Vol. 48, 1970, 123–138

Lateral specialization in the surgically separated hemispheres. In: F.O. SCHMITT, F.G. WORDEN (Hrsg.): *The Neurosciences, Third Study Program.* Cambridge, Mass., London: M.I.T. Press 1974, 5–19

STALDER, G.: *Genetik und Gesellschaft.* Bulletin der Schweizerischen Akademie der Medizinischen Wissenschaften, 34, 1978, 305–319

SUGIYAMA, Y.: *Social organization of hanuman langurs.* In: S.A. ALTMANN (Hrsg.): *Social Communication Among Primates.* Chicago: University of Chicago Press 1967

SZENTÁGOTHAI, J.: *Architecture of the cerebral cortex.* In: H.H. JASPER, A.A. WARD, A. POPE (Hrsg.): *Basic Mechanisms of the Epilepsies.* New York: Little Brown and Co. 1969, 13–28

The basic neuronal circuit of the neocortex. In: H. PETSCHE, M.A.B. BRAZIER (Hrsg.): *Synchronization of EEG Activity in Epilepsies.* Wien, New York: Springer 1972, 9–29

TEILHARD DE CHARDIN, P.: *Le phénomène humain.* Paris: Seuil 1955. Deutsch: *Der Mensch im Kosmos.* München: Beck 1969

THORPE, W. H.: *Biology, Psychology and Belief.* London: Cambridge University Press 1961

TINBERGEN, N.: *The Study of Instinct.* Oxford: Clarendon Press 1951. Deutsch: *Instinktlehre.* Berlin, Hamburg: Parey 1952, [5]1972

TRIVERS, R. L.: *The evolution of reciprocal altruism.* Quarterly Review of Biology, 46, 1971, 35–57

UEXKÜLL, J. von: *Umwelt und Innenwelt der Tiere.* Berlin 1909

WADDINGTON, C. H.: *The Evolution of an Evolutionist.* Edinburgh: Edinburgh Univ. Press; Ithaca, N.Y.: Cornell Univ. Press 1975

WALLS, G.: *The Vertebrate Eye and its Adaptive Radiation.* Bloomfield Hills, Michigan: Cranbrook Press 1942

WEISSKOPF, V. F.: *The frontiers and limits of science.* Bull. Am. Acad. of Arts and Sci., 28, 1975, 15–26

WIENER, N.: *Cybernetics, or Control and Communication in the Animal and the Machine.* New York: John Wiley and Sons 1948. Deutsch: *Kybernetik, Meldung und Nachrichtenübertragung in Lebewesen und Maschine.* Düsseldorf: Econ 1963; auch als Rowohlt-Taschenbuch 1968

WIGNER, E. P.: *Are we machines?* Proc. of American Philosophical Soc., 113, 1969, 95–101

Wilson, E. O.: *Sociobiology: The New Synthesis.* Cambridge, Mass.: The Belknap Press of Harvard University Press 1975
On Human Nature. Cambridge, Mass.: Harvard University Press 1978

Woolfenden, G. E.: *Florida scrub jay helpers at the nest.* Auk, 92, 1975, 1–15

Wynne-Edwards, V. C.: *Animal Dispersion in Relation to Social Behaviour.* Edinburgh: Oliver and Boyd, 1962

Zeier, H., Baettig, K., Driscoll, P.: *Acquisition of DRL-20 behavior in male and female, Roman high- and low-avoidance rats.* Physiology & Behavior, 20, 1978, 791–793

NAMENREGISTER

SACHREGISTER

8-1-3-2-0